DONGWU SHENGWU HUAXUE
XUEXI ZHIDAO

动物生物化学
学习指导

徐红伟　主编

中国农业出版社
北　京

主　编　徐红伟

副主编　冯玉兰　魏玉梅　蔡　勇　臧荣鑫

编　者（以姓氏笔画为序）

　　　　冯玉兰　李慧静　张　浩　徐红伟

　　　　曹　忻　蔡　勇　臧荣鑫　魏玉梅

前　言
FOREWORD

　　动物生物化学是动物医学和动物科学的专业基础课和核心课，是其他专业基础课和专业课的"语言"、"工具"和"桥梁"课程，在课程体系中处于承上启下的核心地位。

　　《动物生物化学学习指导》编写遵循"宽基础，厚实践，重能力"的课程设计理念，本着涵盖基础、突出重点、难易适中，兼顾学生学习、考研复习和教师教学的原则，按照课程教学安排顺序编排，每章包括学习目标、重点难点、主要知识点、知识巩固、巩固提高、知识拓展、开放性讨论话题和参考答案等内容。其中：主要知识点和知识巩固总结了需要熟练掌握的基本概念和基本理论；巩固提高为知识点拓展和综合应用内容，目的是提高综合分析解决问题的能力；知识拓展和开放性讨论话题配合课程思政建设，未提供参考答案，该部分内容是在课前和课后供同学思考和讨论的话题，通过课堂讨论和课后思考将生物化学理论知识学习与思想政治修养提升融为一体，立德树人，培养学生社会责任感，激发学生"学农、爱农、知农、为农"的情怀，增强师生"走进农村、走近农民、走向农业"服务"三农"的使命感和责任感。

　　本书内容是甘肃省高校课程思政示范项目（GSkcsz-2021-024）和西北民族大学本科教学质量提高项目（2021XJYBJG-5和2021KCSZKC-23）的研究成果，也是甘肃省省级一流课程（GSylkc-2020-033）和甘肃省省级教学团队（GSjxtd-2021-10）建设成果。全书内容共10章，其中第二、第八和第十章由徐红伟编写；第三章由冯玉兰、李慧静和张浩编写；第一、第四、第五、第七和第九章由魏玉梅编写；第六章由臧荣鑫、蔡勇和曹忻编写。

本书的出版由西北民族大学本科教学质量提高项目（2021XJGHJC-08）资助。本书编写过程中参考了大量的论文、著作和教材，引用了相关的图表和数据，在此对相关作者表示诚挚的谢意！

本书可作为高等院校动物医学、动物科学、生物工程、生物技术和食品科学与工程等专业的学生学习动物生物化学课程时同步学习和辅助练习的资料；也可作为动物科学及生物类相关专业学生参加研究生入学考试的复习资料。

由于编者水平有限，书中难免存在不足之处，敬请读者不吝指正。

目 录
CONTENTS

前言

第一章 绪 论

主要知识点

1. 生物化学的概念

生物化学是从分子水平上阐明生命有机体化学本质的一门学科。即用化学原理和方法，研究生物体物质的化学组成、分子结构与功能、物质代谢与调节及在生命活动过程中的化学变化规律，进而深入揭示生命现象本质的一门科学。根据研究对象不同，生物化学分为人体生物化学、动物生物化学、植物生物化学、微生物生物化学等。动物生物化学是以动物为研究对象的生物化学。

2. 生物化学的研究内容

（1）生物体物质的化学组成、结构、性质和功能。

（2）生物体内的物质代谢、能量转换和代谢调控。

（3）生物体的信息代谢。

3. 生物化学的发展简史

（1）静态生物化学时期（20 世纪 20 年代以前）。

（2）动态生物化学时期（20 世纪前半叶）。

（3）分子生物学时期（20 世纪 50 年代以后）。

知识巩固

一、名词解释

1. 生物化学（biochemistry）
2. 动物生物化学（animal biochemistry）

二、填空题

1. 生物化学是从_____水平上阐明生命有机体_____本质的一门学科。即用化学原理和方法，研究生物体物质的_____、_____、_____及在生命活动过程中的化学变化规律，进而深入揭示生命现象本质的一门科学。

2. 根据研究对象不同，生物化学可分为_____、_____、_____、_____等。动物生物化学是以_____为研究对象的生物化学。

3. 生物化学的发展经历了_____、_____和分子生物学时期等三个阶段。

三、简答题

1. 什么是生物化学？
2. 动物生物化学的主要研究内容有哪些?
3. 简述生物化学的主要发展阶段及每阶段的主要研究内容。

巩固提高

根据生物化学主要研究内容，结合你的专业，举例说明生物化学与动物生产和健康的相互关系。

知识拓展

1. 查阅历年诺贝尔生理学或医学奖的获奖情况，归纳总结生物化学的发展过程。

2. 通过列举2～3个实例，详细说明我国科学家对生物化学发展的贡献和成就。

开放性讨论话题

根据你对生物化学课程的理解，结合课程研究对象、研究内容，谈谈你生活中的生物化学。

参考答案

一、名词解释

1. 生物化学（biochemistry）：是研究生物体的化学组成，维持生命活动的各种化学变化及其相互联系的科学，即研究生命运动化学本质的科学。

2. 动物生物化学（animal biochemistry）：动物生物化学是以动物为研究对象的生物化学，是在生物化学相关理论的基础上，着重揭示生物化学在畜牧兽医及相关专业中应用的科学。

二、填空题

1. 分子 化学 化学组成 分子结构与功能 物质代谢与调节
2. 人体生物化学 动物生物化学 植物生物化学 微生物生物化学 动物
3. 静态生物化学时期 动态生物化学时期

三、简答题

1. 答：

生物化学是从分子水平上阐明生命有机体化学本质的一门学科。即用化学原理和方法，研究生物体物质的化学组成、分子结构与功能、物质代谢与调节及在生命活动过程中的化学变化规律，进而深入揭示生命现象本质的一门科学。

2. 答：

（1）生命有机体的化学组成，主要指生物分子特别是生物大分子（蛋白质、核酸、多糖）的结构、功能及相互关系。

（2）细胞中的物质代谢与能量代谢过程，物质代谢之间的相互关系及其调控。

（3）核酸的结构及其机能；生物体遗传的本质（复制、转录和翻译的过程）、遗传信息传递的中心法则及基因表达调控。

（4）动物组织器官的生化特点、化学组成及代谢规律。

3. 答：

生物化学的发展史大致可划分为以下几个阶段：

（1）静态生物化学时期（20世纪20年代以前）。以研究生命有机体的化学组成为主要内容。其间的主要贡献有：对脂类、糖类及氨基酸的性质进行了较为系统的研究；发现了核酸；化学合成了简单的多肽等。

（2）动态生物化学时期（20世纪前半叶）。研究组成生命有机体物质的代谢变化及代谢过程中的能量代谢变化。如发现了人类必需氨基酸、必需脂肪酸及多种维生素；获得酶结晶，证实酶的化学本质是蛋白质；确定了糖代谢过程、β 氧化过程、尿素循环及三羧酸循环等。

（3）分子生物学时期（20 世纪 50 年代以后）。这一阶段，细胞内两类重要的生物大分子——蛋白质和核酸成为焦点。如发现了蛋白质 α 螺旋结构形式；完成了胰岛素的氨基酸全序列分析；提出了 DNA（脱氧核糖核酸）双螺旋模型和遗传信息传递的中心法则；破译了 RNA（核糖核酸）分子中的遗传密码等。

第二章　蛋白质化学

学习目标

1. 了解蛋白质的概念、重要性和分子组成。

2. 掌握 α-氨基酸的结构通式和 20 种氨基酸的名称、符号、结构、分类和重要性质，了解肽和活性肽的概念。

3. 理解蛋白质的一、二、三、四级结构的内容和特点及其重要化学键。

4. 掌握蛋白质结构与功能间的关系，特别是蛋白质的三维结构与功能的关系。

5. 熟悉蛋白质的重要性质和分类，熟悉蛋白质分离纯化和鉴定及在实际工作中的应用。

重点难点

蛋白质的元素组成及物化性质，氨基酸的结构通式。蛋白质的分子结构、蛋白质的几种二级结构、超二级结构与结构域。蛋白质结构与功能间的关系；蛋白质的两性性质和等电点；蛋白质的胶体性质与蛋白质的沉淀；蛋白质的变性与复性；蛋白质的呈色反应。

主要知识点

第一部分　蛋白质的分子组成

1. 蛋白质的功能

蛋白质（protein）是细胞的重要组成部分，参与细胞膜、结缔组织等的组成。蛋白质是功能最多的生物大分子物质，几乎在所有的生命过程中起着重要作用：①作为生物催化剂，②代谢调节作用，③免疫保护作用，④物质的转运和存储，⑤运动与支持作用，⑥参与细胞间信息传递。

2. 蛋白质的分类

根据蛋白质的形状、组成和功能等进行分类。

（1）按形状分类。

① 球形蛋白（globular protein）：分子接近于球形或椭球形，溶解度好，包括酶和大多数蛋白质，具有广泛的功能。

② 纤维状蛋白（fibrous protein）：类似纤维和细棒状，多不溶于水，如α角蛋白、胶原蛋白等。

（2）按化学组成和功能分类。

① 简单蛋白质（simple protein）：水解后只有各种氨基酸，结构简单，例如：清蛋白、球蛋白、谷蛋白、醇溶蛋白、组蛋白、精蛋白以及硬蛋白等。

② 结合蛋白质（complex protein）：由蛋白质和非蛋白质两部分组成（辅基），例如：核蛋白、糖蛋白、脂蛋白、磷蛋白、黄素蛋白、色蛋白及金属蛋白等。

3. 蛋白质的化学组成

（1）蛋白质的元素组成。蛋白质的元素组成主要有碳（C）、氢（H）、氧（O）、氮（N），以及少量的硫（S）和磷（P），微量的钙（Ca）、铁（Fe）、铜（Cu）、锌（Zn）、镁（Mg）、锰（Mn）、碘（I）、钼（Mo）等。各种蛋白质的含 N 量很接近，平均 16%。

凯氏定氮法：通过样品含氮量计算蛋白质含量的公式。

$$蛋白质含量（\%）=含氮量（\%）\times 6.25$$

（2）蛋白质的基本结构单位和其他组分。组成蛋白质的基本单位——L-α-氨基酸的种类、三字母英文缩写符号。

4. 氨基酸（amino acid）

（1）氨基酸的结构特点。氨基酸是一类同时含有氨基和羧基的有机小分子物质。自然界的氨基酸有300多种，既有 D 型和 L 型，又有 α 型和 β 型，但是组成蛋白质的氨基酸只能是 L 型的 α-氨基酸。

出现在蛋白质分子中的氨基酸称为蛋白质氨基酸（proteinogenic amino acid），又名标准氨基酸（standard amino acid）。蛋白质氨基酸由遗传密码直接决定，在细胞内有专门的 tRNA 跟它们结合。目前已发现有 22 种，其中最早发现的 20 种较为常见。

非蛋白质氨基酸也称为修饰氨基酸或稀有氨基酸，在蛋白质生物合成的时候，它们并不能直接掺入肽链之中，要么是蛋白质氨基酸在翻译以后经化学修饰的后加工产物，例如 4-羟脯氨酸（4-hydroxyproline）、5-羟赖氨酸（5-hydroxylysine）和甲酰甲硫氨酸，要么在体内以游离的形式存在，具有特殊的生理功能或者作为代谢的中间物和某些物质的前体，但从来不会掺入蛋白质分子之中，例如在动物体内充当神经递质的 γ-氨基丁酸（gamma-aminobutyric acid，GABA）、作为维生素泛酸组分的 β-丙氨酸和参与尿素循环的鸟氨酸（ornithine）及瓜氨酸（citrulline）。

（2）氨基酸的分类。

① 根据 R 基团的化学结构分类：非极性的脂肪族氨基酸（Gly、Ala、Val、Leu、Ile、Pro）；芳香族氨基酸（Phe、Tyr 和 Trp）；杂环族氨基酸（Trp 和 His）；含硫侧链氨基酸（Met 和 Cys）；含醇羟基氨基酸（Ser 和 Thr）。

② 根据 R 基团对水分子的亲和性分类：

A. 疏水性氨基酸（Gly、Ala、Val、Leu、Ile、Pro、Met、Phe 和 Trp）：R 基团呈非极性，对水分子的亲和性不高或者很低，但对脂溶性物质的亲和性较高。

B. 亲水性氨基酸［Ser、Thr、Tyr、Cys、Asn、Gln、Asp、Glu、Arg、Lys、His、Pyl（第 21 种氨基酸吡咯赖氨酸）、Sec（第 22 种氨基酸硒代半胱氨酸）］：R 基团有极性，对水分子具有一定的亲和性，一般能和水分子之间形成氢键。

③ 根据 R 基团的带电性质（酸碱性）分类：不带电荷的极性氨基酸（Ser、Thr、Gln、Asn、Met、Cys）；带正电荷（碱性）的极性氨基酸（His、Lys 和 Arg）；带负电荷（酸性）的极性氨基酸（Asp 和 Glu）。

④ 必需氨基酸与非必需氨基酸：

A. 必需氨基酸（Lys、Trp、Phe、Met、Thr、Ile、Leu 和 Val，共 8 种）：是指人体或动物体必不可少，但却不能合成，或者虽能合成，但合成量不够，必须从食物中补充的氨基酸。如果饮食中经常缺少它们，就会影响到机体的健康。

B. 半必需氨基酸（Arg 和 His，共 2 种）：人体虽能够合成 Arg 和 His，但合成的量在特定的阶段（如青少年发育和妊娠期对氨基酸需求量比较大）不能满足正常的需要，因此这两种氨基酸又称为半必需氨基酸。

C. 非必需氨基酸（Ala、Asn、Asp、Gln、Glu、Pro、Ser、Cys、Tyr 和 Gly，共 10 种）：动物体自身可以进行有效合成。

（3）氨基酸的理化性质。氨基酸的化学性质取决于其分子中的羧基、氨基、侧链基团以及这些基团的相互影响。

① 一般物理性质：

A. 溶解度：因为氨基酸都含有亲水的氨基和羧基，所以所有的氨基酸能溶于水，但溶解度有差异。

B. 光吸收性：各种氨基酸在可见光区均没有光吸收，在紫外线区芳香族氨基酸（含共轭双键）在 280 nm 处有最大吸收峰，通过测定 280 nm 的光吸收峰来测定溶液中蛋白质的浓度。

② 两性电离及等电点：氨基酸由于同时含有碱性的氨基和酸性的羧基，因此具有特殊的解离性质，但一种氨基酸的碱性和酸性分别弱于单纯的胺和羧酸。一个氨基酸分子内部的酸碱反应使氨基酸能同时带有正负两种电荷，以这种形式存在的离子称为两性离子或兼性离子。

任何一种氨基酸，总存在一定的 pH，使其净电荷为零，这时的 pH 称为等电点（pI），pI 是一种氨基酸的特征常数。当一种氨基酸处于 pH＝pI 的溶液中，这种氨基酸绝大多数处于两性离子状态，少数可能解离成阳离子和阴离子，但解离成阴、阳离子的趋势和数目相同，由于所带的净电荷为 0，因而若处在电场中，则不会向两极移动。中性氨基酸的等电点一般为 5.0～6.5，酸性氨基酸为 2.7～3.2，碱性氨基酸为 9.5～10.7。

③ 化学性质：氨基酸能与茚三酮反应产生蓝紫色物质，与 2,4-二硝基氟苯（DNFB）反应产生黄色化合物，还能与甲醛、异硫氰酸苯酯（PITC）、亚硝酸、荧光胺等发生特征反应，可用于氨基酸的定量或定性分析。

第二部分　蛋白质的分子结构

1. 蛋白质中氨基酸的连接

（1）肽键（peptide bond）。蛋白质分子中由一个氨基酸的 α-羧基与另一个氨基酸的 α-氨基脱水缩合而形成的化学键，也叫酰胺键（amido bond 或 amido linkage）。

（2）肽（peptide）。氨基酸之间通过肽键相连的聚合物，包括寡肽（oligopeptide）、多肽（polypeptide，20 个以上氨基酸）和蛋白质（50 个以上氨基酸）。

（3）多肽链。各氨基酸残基以肽键相连形成的链状结构称为肽链（peptide chain）。多肽链的骨架称为主链，R 基团部分为侧链。多肽链含有 α-NH$_2$ 的一端称为 N 端，含有 α-COOH 的一端称为 C 端，书写时从左到右按 N 端到 C 端的顺序书写。组成多肽链的不完整的氨基酸分子称为氨基酸残基（amino acid residue）。

2. 蛋白质的一级结构

（1）蛋白质的一级结构是指氨基酸在多肽链上的排列顺序，由编码蛋白质的基因决定，不同蛋白质具有不同的一级结构。如果一种蛋白含有二硫键，那么其一级结构还包括二硫键的数目和位置。

（2）主价键。肽键、二硫键。

（3）胰岛素的一级结构发现及中国人工合成胰岛素。

3. 蛋白质的二级结构

（1）蛋白质的二级结构是指在一级结构的基础上多肽链的主链部分（不包括 R 基团）局部形成的一种有规律的折叠和盘绕，其稳定性主要由主链上的氢键决定。

（2）常见的二级结构有 α 螺旋（alpha‐helix）、β 折叠（beta‐sheet）、β 转角（beta‐turn）、无规则卷曲（random coil）、三股螺旋（triple helix）、β 凸起（beta‐bulge）和环。

（3）α 螺旋（alpha‐helix）。α 螺旋是一种最常见的二级结构，最先由 Linus Pauling 和 Robert Corey 于 1951 年提出。其主要内容包括：

① 肽链主链围绕一个虚拟的轴以右手螺旋的方式伸展。

② 螺旋的形成是自发的，主要由主链上的氢键来稳定。氢键在 n 位氨基酸残基上的 C═O 与 $n+4$ 位残基上的 N—H 之间形成。被氢键封闭的环共含有 13 个原子，因此 α 螺旋也称（简写）为 3.6_{13}-螺旋。螺旋的前、后 4 个氨基酸残基通常不能形成全套螺旋内氢键，这些残基需要与水分子或蛋白质内部的其他基团形成氢键后才能稳定下来。

③ 每隔 3.6 个残基，螺旋上升一圈。每一个氨基酸残基环绕螺旋轴 $100°$，螺距为 0.54 nm，即每个氨基酸残基沿轴上升 0.15 nm。螺旋的半径为 0.23 nm。

④ α 螺旋有左手和右手之分，但在蛋白质分子中发现的 α 螺旋主要是右手螺旋，左手螺旋很少见。这是因为蛋白质中的氨基酸只有 L 型，若形成左手螺旋，L 型氨基酸的 β-碳和羰基氧在空间上会发生冲突，其稳定性会降低。

⑤ 氨基酸残基的 R 基团伸展在螺旋的表面，虽不参与螺旋的形成，但其大小、形状和带电状态却能影响到螺旋的形成和稳定性。

（4）β 折叠（beta‐pleated sheet）。β 折叠又称为 β 折叠片层，这是 Pauling 和 Corey 继发现 α 螺旋结构后，同年发现的又一种重要的蛋白质二级结构。与 α 螺旋相比，β 折叠是肽链的一种更加伸展的结构，主链呈扇面状展开。其主要特征包括：

① 肽段几乎完全伸展，肽平面之间成锯齿状。

② 相邻肽段呈现平行排列，相邻肽段之间的肽键形成氢键，其中的每一股肽段称为 β 股（β strand）。

③ R 基团垂直于相邻两个肽平面的交线，并交替分布在折叠片层的两侧。

④ 肽段的走向有正平行和反平行两种。正平行经常简称为平行，指相邻 β 股的 N 端位于同侧，反平行正好相反。在反平行折叠中，氢键的三个原子（N—H—O）几乎位于同一直线上，因此反平行折叠更加稳定，其存在的机会更大。

⑤ 反平行 β 折叠的每一个氨基酸残基上升 0.347 nm，平行 β 折叠的每一个氨基酸残基上升 0.325 nm。

（5）β 转角（beta turn）。β 转角也称 β 弯曲（beta‐bend）、β 回折（betareverse turn）、紧密转角（tight turn）或发夹结构（hairpin structure）。这种结构是指伸展的肽链形成 180°的 U 形回折。其主要特征包括：

① 主链以 180°的回折而改变了方向。

② 由肽链上 4 个连续的氨基酸残基组成，其中 n 位氨基酸残基的 C＝O 与 $n+3$ 位氨基酸残基的 N—H 形成氢键。

③ Gly 和 Pro 经常出现在这种结构之中。这是因为 Gly 的 R 基团最小，很容易调整其在 β 转角中的位置，降低与其他残基（尤其是 R 基团大的残基）之间可能形成的空间位阻，而 Pro 则具有相对刚性的环状结构和固定的 φ，在某种程度上能迫使转角形成。

④ 有利于反平行 β 折叠的形成。这是因为 β 转角改变了肽链的走向，促进相邻的肽段各自作为 β 股，形成 β 折叠。

（6）无规则卷曲。蛋白质的肽链中没有确定规律性的那部分肽段构象。

4. 超二级结构和结构域

（1）超二级结构（super - secondary structure）。介于蛋白质二级结构和三级结构之间，由若干相邻的二级结构单元彼此相互作用，按一定的规律组合在一起，排列成规则的、在空间结构上能够辨认的二级结构集合体，并充当三级结构的构件。也叫作基序、模序或模体。

（2）结构域（structural domain）。较大的蛋白质一般会折叠成两个或多个相对独立的球状区域。这些相对独立的球状结构和功能模块称为结构域。每一个结构域通常是独自折叠形成的，内部都有一个疏水的核心，并含有一个或几个模体结构。疏水的核心是结构域稳定存在所必需的。

结构域在结构上是相对独立的，各自承担着独特功能。

5. 蛋白质的三级结构

三级结构是指构成蛋白质的多肽链在二级结构（超二级结构及结构域）的基础上，进一步盘绕、卷曲和折叠，形成的特定空间结构，它包括了肽链上所有原子的空间排布。一种蛋白质（多肽链上所有原子和基团）的全部三维结构又可以称为它的构象（conformation）。

稳定三级结构的化学键主要是次级键，其包括氢键、疏水键、离子键、范德华力。有的金属蛋白还借助于金属配位键来稳定它们的三级结构。此外，属于共价键的二硫键也参与稳定许多蛋白质的三维结构。

分子伴侣：通过提供一个保护环境从而加速蛋白质折叠成天然构象或形成四级结构的一类蛋白质。

6. 蛋白质的四级结构

具有两条或两条以上多肽链的蛋白质如果不是以二硫键相连，则认为它们具有四级结构，其中的每一个亚基都有自己的三级结构。蛋白质的四级结构内容包括亚基的种类、数目、空间排布以及亚基之间的相互作用。

驱动四级结构形成或稳定四级结构的作用力包括氢键、疏水键、范德华力和离子键，这与一个单亚基蛋白稳定其内部折叠结构的键是一样的。

第三部分　蛋白质结构与功能的关系

1. 蛋白质的结构与功能之间的关系

（1）大多数蛋白质具有特定的三维结构，也具有特定的功能。一旦三维结构被破坏，蛋白质的功能随之丧失。少数蛋白质处于天然无折叠状态，但仍然具有功能。

（2）蛋白质的三维结构直接决定蛋白质的功能。

（3）蛋白质的一级结构决定其三维结构，因此也最终决定了蛋白质的功能。

（4）结构相似的蛋白质具有相似的功能。反过来，功能相似的蛋白质具有相似的结构，特别是三维结构。

（5）在不同物种体内功能相同的蛋白质具有相同和基本相同的三维结构，但一级结构是否有差异以及差异的程度往往取决于物种之间在进化上的亲缘关系。

（6）一级结构相似的蛋白质往往具有共同的起源。

（7）许多疾病都是体内重要的蛋白质结构异常引起的。

2. 蛋白质的变构作用与血红蛋白的输氧功能

寡聚蛋白质分子中，一个亚基由于与其他小分子结合发生了构象变化，继而引起其相邻亚基构象的改变，并且这种变化在分子内部传递，最终引起蛋白质功能的改变，使其活性增强或削弱。变构现象是蛋白质表现其生物功能的一种普遍而十分重要的现象，也是调节蛋白质生物功能的极为有效的方式，例如血红蛋白就是典型的例子。

血红蛋白的主要功能是在体内运输氧。血红蛋白未与氧结合时处于紧密型，是一个稳定的四聚体（$\alpha_2\beta_2$），这时与氧的亲和力很低。一旦 O_2 与血红蛋白分子中的一个亚基结合，即引起该亚基构象发生变化，并且会引起其余三个亚基构象相继发生变化，结果引起整个分子构象改变，使得所有亚基的血红素铁原子的位置都变得适合与 O_2 结合，所以血红蛋白与氧结合的速度大大加快。血红蛋白的 α 链和 β 链与肌红蛋白的构象十分相似，使它们都具有基本的氧合功能。但由于血红蛋白是一个四聚体，其分子结构要比肌红蛋白复杂得多，因此除了运输氧以外还有肌红蛋白所没有的功能，如运输质子和二氧化碳。而且血红蛋白与氧的结合还表现出协同性，这一点可以从血红蛋白的氧合曲线看出。在溶液中，血红蛋白分子上已结合氧的位置数与可能结合氧的位置数之比称为饱和度或饱和分数。以饱和度为纵坐标，氧分压（1 Torr＝1 mm 水银柱）为横坐标作图可得到氧合曲线。血红蛋白的氧合曲线为 S 形，而肌红蛋白的氧合曲线为双曲线。S 形曲线说明血红蛋白与氧的结合具有协同性，而肌红蛋白则没有。如果将血红蛋白中的 α 亚基和 β 亚基分离，得到单独的 α 亚基或 β 亚基，则它们的氧合曲线也和肌红蛋白的一样，都是双曲线，没有变构性质。可见，血红蛋白的变构性质来自它的亚基之间的相互作用。这些都说明蛋白质的空间结构与其功能具有相互适应性和高度的统一性，结构是功能的基础。

3. 蛋白质的变性与复性

蛋白质的变性（denaturation）：在某些物理和化学因素作用下，蛋白质分子的特定空间构象被破坏，从而导致其理化性质改变和生物活性丧失。

变性的本质：破坏非共价键和二硫键，不改变蛋白质的一级结构。

造成变性的因素：物理因素有高温、紫外线、X 射线、超声波、高压、剧烈的搅拌、震荡等。化学因素有强酸、强碱、尿素、胍盐、去污剂、重金属盐（如 Hg^{2+}、Ag^+、Pb^{2+} 等）、三氯乙酸、浓乙醇等。不同蛋白质对各种因素的敏感程度不同。

蛋白质变性后的性质改变：溶解度降低、黏度增加、结晶能力消失、生物活性丧失及易受蛋白酶水解。

蛋白质的复性：若蛋白质变性程度较轻，去除变性因素后，蛋白质仍可恢复或部分恢复其原有的构象和功能，称为复性。

第四部分　蛋白质的理化性质和分离纯化

1. 蛋白质的理化性质

（1）蛋白质的两性解离性质。蛋白质是由氨基酸组成的，在其分子表面带有很多可解离基团，如羧基、氨基、酚羟基、咪唑基、胍基等。此外，在肽链两端还有游离的 α-氨基和 α-羧基，因此蛋白质是两性电解质，可以与酸或碱相互作用。溶液中蛋白质的带电状况与其所处环境的 pH 有关。

（2）蛋白质等电点。当溶液在某一特定的 pH 条件下，蛋白质分子所带的正电荷数与负电荷数相等，即净电荷为零，此时蛋白质分子在电场中既不向正极移动，也不向负极移动，这时溶液的 pH 称为该蛋白质的等电点，此时蛋白质的溶解度最小。由于不同蛋白质的氨基酸组成不同，因此每个蛋白质都有其特定的等电点，在同一 pH 条件下所带净电荷不同。如果蛋白质中碱性氨基酸较多，则等电点偏碱，如果酸性氨基酸较多，则等电点偏酸。酸碱氨基酸比例相近的蛋白质其等电点大多为中性偏酸，约为 5.0。

（3）蛋白质的胶体性质。蛋白质是生物大分子，分子大小已达到胶体质点范围（颗粒直径 $1\sim100$ nm），具有较大表面积，蛋白质溶液是稳定的胶体溶液，具有胶体溶液的特征，蛋白质的胶体性质具有重要的生理意义。在生物体中，蛋白质与大量水结合形成各种流动性不同的胶体系统，如细胞的原生质就是一个复杂的胶体系统。生命活动的许多代谢反应即在此系统中进行。如果这些稳定因素被破坏，蛋白质的胶体性质就会被破坏，从而产生沉淀作用，据此可有效地用于蛋白质的分离。

（4）双缩脲反应。双缩脲在碱性溶液中能与硫酸铜反应产生红紫色络合物，此反应称双缩脲反应（biuret reaction）。蛋白质分子中含有许多肽键，结构与双缩脲相似，因此也能产生双缩脲反应，所以可用此反应来定性定量地测定蛋白质。凡含有两个或两个以上肽键结构的化合物都可产生双缩脲反应。

（5）紫外吸收特性。因蛋白质分子中含有芳香族氨基酸，在 280 nm 处有特征性吸收峰，此波长处，蛋白质溶液的光吸收值与蛋白质含量成正比。据此常用于蛋白质含量测定。

2. 蛋白质的分离纯化

透析：利用透析袋把大分子蛋白质与小分子化合物分开的方法。

超滤法：应用正压或离心力使蛋白质溶液透过有一定截留分子量的超滤膜，达到浓缩蛋白质溶液的目的。

盐析：是将硫酸铵、硫酸钠或氯化钠等加入蛋白质溶液，使蛋白质表面电荷被中和以及水化膜被破坏，导致蛋白质沉淀。属于可逆性沉淀。

免疫沉淀：将某一纯化蛋白质免疫动物可获得抗该蛋白的特异抗体。利用特异抗体识别相应的抗原蛋白，并形成抗原抗体复合物的性质，可从蛋白质混合溶液中分离获得抗原蛋白。

电泳：蛋白质在高于或低于其 pI 的溶液中为带电的颗粒，在电场中能向正极或负极移动。这种通过蛋白质在电场中泳动而达到分离各种蛋白质的技术，称为电泳。

层析：待分离蛋白质溶液（流动相）经过一个固态物质（固定相）时，根据溶液中待分离的蛋白质颗粒大小、电荷多少及亲和力等，使待分离的蛋白质组分在两相中反复分配，并以不同速度流经固定相而达到分离蛋白质的目的。

超速离心：利用超速离心机测定蛋白质分子量的一种方法。将蛋白质溶液放在超速离心机的离心管中，在约 10^5 r/min 速度下离心，使蛋白质分子沉降，利用光学系统可以检测蛋白质分子的沉降速度，测出蛋白质的沉降速度。一种蛋白质分子在单位离心力场里的沉降速度为恒定值，被称为沉降系数，常用 S（Svedberg）表示。已测得许多蛋白质的 S 值都在 $1\times10^{-13}\sim200\times10^{-13}$ s

之间，因此，采用 1×10^{-13} s 作为沉降系数的一个单位，用 S 表示。

知识巩固

一、单项选择题

1. 测得某一蛋白质样品的氮含量为 0.40 g，此样品约含蛋白质（　　）

    A. 1.50 g　　　　B. 2.50 g　　　　C. 6.40 g　　　　D. 6.25 g

2. 形成稳定的肽链空间结构，非常重要的一点是肽键中的 4 个原子以及和它相邻的两个 α-碳原子处于（　　）

    A. 不断绕动状态　　　　　　　　B. 可以相对自由旋转

    C. 同一平面　　　　　　　　　　D. 随不同外界环境而变化的状态

3. 下列含有两羧基的氨基酸是（　　）

    A. 丙氨酸　　　　B. 赖氨酸　　　　C. 谷氨酸　　　　D. 色氨酸

4. 甘氨酸的解离常数是 $pK_1=2.34$，$pK_2=9.60$，它的等电点（pI）是（　　）

    A. 6.26　　　　B. 5.97　　　　C. 8.14　　　　D. 4.77

5. 维持蛋白质二级结构的主要化学键是（　　）

    A. 盐键　　　　B. 疏水键　　　　C. 肽键　　　　D. 氢键

6. 关于蛋白质分子三级结构的描述，其中错误的是（　　）

    A. 天然蛋白质分子均具有三级结构

    B. 具有三级结构的多肽链都具有生物学活性

    C. 三级结构的稳定性主要是次级键维系

    D. 亲水基团聚集在三级结构的表面

7. 具有四级结构的蛋白质特征是（　　）

    A. 分子中必定含有辅基

    B. 每条多肽链都具有独立的生物学活性

    C. 依赖肽键维系四级结构的稳定性

    D. 由两条或两条以上具有三级结构的多肽链组成

8. 下列何种氨基酸可使肽链之间形成共价交联结构（　　）

    A. Met　　　　B. Ser　　　　C. Glu　　　　D. Cys

9. 在下列所有氨基酸溶液中，不引起偏振光旋转的氨基酸是（　　）

    A. 丙氨酸　　　　B. 亮氨酸　　　　C. 甘氨酸　　　　D. 丝氨酸

10. 蛋白质所形成的胶体颗粒，在下列哪种条件下最不稳定（　　）

    A. 溶液 pH 大于 pI　　　　　　B. 溶液 pH 小于 pI

    C. 溶液 pH 等于 pI　　　　　　D. 在水溶液中

11. 蛋白质变性是由于（　　）
    A. 氨基酸排列顺序的改变　　　　B. 氨基酸组成的改变
    C. 肽键的断裂　　　　　　　　　D. 蛋白质空间构象的破坏
12. 变性蛋白质的主要特点是（　　）
    A. 黏度下降　　　　　　　　　　B. 溶解度增加
    C. 不易被蛋白酶水解　　　　　　D. 生物学活性丧失
13. 下列哪种氨基酸属于亚氨基酸（　　）
    A. 丝氨酸　　　　B. 脯氨酸　　　　C. 亮氨酸　　　　D. 组氨酸
14. 蛋白质分子组成中不含有下列哪种氨基酸（　　）
    A. 半胱氨酸　　　B. 瓜氨酸　　　　C. 胱氨酸　　　　D. 丝氨酸
15. 纤维状蛋白质（　　）
    A. 都不溶于水　　　　　　　　　B. 都溶于水
    C. 有少数溶于水　　　　　　　　D. 大多数溶于水
16. 含硫氨基酸包括（　　）
    A. 蛋氨酸　　　　B. 苏氨酸　　　　C. 组氨酸　　　　D. 亮氨酸
17. 下列哪个不是碱性氨基酸（　　）
    A. 组氨酸　　　　B. 蛋氨酸　　　　C. 精氨酸　　　　D. 赖氨酸
18. 下列哪个不是芳香族氨基酸（　　）
    A. 苯丙氨酸　　　B. 酪氨酸　　　　C. 色氨酸　　　　D. 脯氨酸
19. 关于 α 螺旋不正确的是（　　）
    A. 螺旋中每 3.6 个氨基酸残基为一周
    B. 为右手螺旋结构
    C. 两螺旋之间借二硫键维持其稳定
    D. 氨基酸侧链 R 基团分布在螺旋外侧
20. 下列关于 β 折叠结构的论述，不正确的是（　　）
    A. 是伸展的肽链结构
    B. 肽键平面折叠成锯齿状
    C. 也可由两条以上多肽链顺向或逆向平行排列而成
    D. 两链间形成离子键以使结构稳定
21. 下列哪种蛋白质在 pH 5.0 的溶液中带负电荷（　　）
    A. pI 为 4.5 的蛋白质　　　　B. pI 为 7.4 的蛋白质
    C. pI 为 7.0 的蛋白质　　　　D. pI 为 6.5 的蛋白质
22. 使蛋白质沉淀但不变性的方法有（　　）
    A. 中性盐沉淀蛋白　　　　　　　B. 鞣酸沉淀蛋白
    C. 苦味酸沉淀蛋白　　　　　　　D. 重金属盐沉淀蛋白

23. 变性蛋白质不一定具有的特性有（　　　）
    A. 溶解度显著下降　　　　　　　B. 生物学活性丧失
    C. 易被蛋白酶分解　　　　　　　D. 凝固或沉淀

24. 在一个肽平面中含有的原子数为（　　　）
    A. 4　　　　　　B. 5　　　　　　C. 6　　　　　　D. 7

25. 下列具有四级结构的蛋白质是（　　　）
    A. 胰岛素　　　　　　　　　　　B. 核糖核酸酶
    C. 血红蛋白　　　　　　　　　　D. 肌红蛋白

二、填空题

1. 组成蛋白质的主要元素有_____、_____、_____、_____。

2. 不同蛋白质的含_____量颇为相近，平均含量为_____%。

3. 蛋白质具有两性电离性质，即在酸性溶液中带_____电荷，在碱性溶液中带_____电荷。当蛋白质处在某一 pH 溶液中时，它所带的正负电荷数相等，此时的蛋白质成为_____，该溶液的 pH 称为蛋白质的_____。

4. 蛋白质的一级结构是指_____在蛋白质多肽链中的_____。

5. 在蛋白质分子中，一个氨基酸的 α-碳原子上的_____与另一个氨基酸 α-碳原子上的_____脱去一分子水形成的键叫_____，它是蛋白质分子中的基本结构键。

6. 蛋白质颗粒表面的_____和_____是蛋白质亲水胶体稳定的两个因素。

7. 蛋白质变性主要是因为破坏了维持和稳定其空间构象的各种_____键，使天然蛋白质原有的_____与_____性质改变。

8. 按照分子形状分类，蛋白质分子形状的长短轴之比小于 10 的称为_____，蛋白质分子形状的长短轴之比大于 10 的称为_____。

9. 按照组成分类，分子组成中仅含氨基酸的称为_____，分子组成中除了蛋白质部分还有非蛋白质部分的称为_____，其中非蛋白质部分称为_____。

10. 蛋白质中的_____、_____和_____ 3 种氨基酸具有紫外吸收特性，因而使蛋白质在 280 nm 处有最大_____吸收值。

11. 精氨酸的 pI 为 10.76，将其溶于 pH 7.0 的缓冲液中，并置于电场中，则精氨酸应向电场的_____方向移动。

12. 组成蛋白质的 20 种氨基酸中，含有咪唑环的氨基酸是＿＿＿＿＿＿，含硫的氨基酸有＿＿＿＿＿＿和＿＿＿＿＿＿。

13. 球状蛋白质中有＿＿＿＿＿＿侧链的氨基酸残基常位于分子表面而与水结合，而有＿＿＿＿＿＿侧链的氨基酸位于分子的内部。

14. 氨基酸与茚三酮发生氧化脱羧脱氨反应生成＿＿＿＿＿＿色化合物，而＿＿＿＿＿＿与茚三酮反应生成黄色化合物。

15. 将相对分子质量分别为 a（80 000）、b（40 000）、c（120 000）的三种蛋白质混合溶液进行凝胶过滤层析，它们被洗脱下来的先后顺序是＿＿＿＿＿＿、＿＿＿＿＿＿、＿＿＿＿＿＿。

16. 结构域的组织层次介于＿＿＿＿＿＿和＿＿＿＿＿＿之间。

17. 谷胱甘肽的简写符号为＿＿＿＿＿＿＿＿＿，它的活性集团是＿＿＿＿＿＿。

三、名词解释

1. 两性离子（zwitterion）

2. 必需氨基酸（essential amino acid）

3. 等电点（pI，isoelectric point）

4. 稀有氨基酸（rare amino acid）

5. 非蛋白质氨基酸（non‐protein amino acid）

6. 构型（configuration）

7. 蛋白质的一级结构（primary structure of a protein）

8. 构象（conformation）

9. 蛋白质的二级结构（secondary structure of protein）

10. 结构域（structural domain）

11. 蛋白质的三级结构（tertiary structure of protein）

12. 氢键（hydrogen bond）

13. 蛋白质的四级结构（quaternary structure of protein）

14. 离子键（ionic bond）

15. 超二级结构（super secondary structure）

16. 疏水键（hydrophobic bond）

17. 范德华力（van der Waals force）

18. 盐析（salting out）

19. 肽键（peptide bond）

20. 蛋白质的变性（protein denaturation）

21. 蛋白质的复性（protein renaturation）

22. 蛋白质的沉淀（protein precipitation）

23. 凝胶电泳（gel electrophoresis）

24. 层析（chromatography）

四、判断题

1. 构型的改变必须有旧的共价键的破坏和新的共价键的形成，而构象的改变则不发生此变化。（　　）

2. 因为羧基碳和亚氨基氮之间的部分双键性质，所以肽键不能自由旋转。（　　）

3. 所有的蛋白质都有酶活性。（　　）

4. 多数氨基酸有 D 和 L 两种不同构型，而构型的改变涉及共价键的破裂。（　　）

5. 所有的蛋白质都具有一、二、三、四级结构。（　　）

6. 蛋白质分子中个别氨基酸的取代未必会引起蛋白质活性的改变。（　　）

7. 镰刀型红细胞贫血病是一种先天遗传性的分子病，其病因是由于正常血红蛋白分子中的一个谷氨酸残基被缬氨酸残基所置换。（　　）

8. 蛋白质多肽链主链骨架由 $NC_\alpha CNC_\alpha CNC_\alpha C$ 方式组成。（　　）

9. 天然氨基酸都有一个不对称 α-碳原子。（　　）

10. 变性后的蛋白质其分子质量也发生改变。（　　）

11. 蛋白质在等电点时净电荷为零，溶解度最小。（　　）

12. 一个蛋白质分子中有两个半胱氨酸存在时，它们之间可以形成两个二硫键。（　　）

13. 血红蛋白和肌红蛋白都有运送氧的功能，因此它们的结构相同。（　　）

14. 盐析法可使蛋白质沉淀，但不引起变性，所以盐析法常用于蛋白质的分离制备。（　　）

15. 蛋白质的空间结构就是它的三级结构。（　　）

16. 蛋白质的变性是其立体结构的破坏，因此常涉及肽键的断裂。（　　）

17. 某蛋白在 pH 6.0 时向阳极移动，则其等电点小于 6。（　　）

18. 所有氨基酸与茚三酮反应都产生蓝紫色的化合物。（　　）

19. 具有四级结构的蛋白质，它的每个亚基单独存在时仍能保存蛋白质原有的生物活性。（　　）

20. 变性蛋白质的溶解度降低，是由于中和了蛋白质分子表面的电荷及破坏了外层的水膜所引起的。（　　）

21. 构成蛋白质的 20 种氨基酸都是必需氨基酸。（　　）

22. 蛋白质多肽链中氨基酸的排列顺序在很大程度上决定了它的构象。（　　）

23. 蛋白质是生物大分子，但并不都具有四级结构。（　　）

24. 血红蛋白和肌红蛋白都是氧的载体，前者是一个典型的变构蛋白，在与氧结合过程中呈现变构效应，而后者却不是。（　　）

25. 并非所有构成蛋白质的 20 种氨基酸的 α-碳原子上都有一个自由羧基和一个自由氨基。（　　）

26. 蛋白质是两性电解质，它的酸碱性质主要取决于肽链上可解离的 R 基团。（　　）

27. 所有的肽和蛋白质都能和硫酸铜的碱性溶液发生双缩脲反应。（　　）

28. 维持蛋白质三级结构最重要的作用力是氢键。（　　）

29. 蛋白质二级结构的稳定性是靠链内氢键维持的，肽链上每个肽键都参与氢键的形成。（　　）

30. 变性的蛋白质不一定沉淀，沉淀的蛋白质不一定变性。（　　）

五、简答题

1. 简述蛋白质的元素组成及其基本组成单位——氨基酸的结构特点。

2. 什么是蛋白质的一级结构？为什么说蛋白质的一级结构决定其空间结构？

3. 蛋白质的 α 螺旋结构有何特点？

4. 蛋白质的 β 折叠结构有何特点？

5. 如果一个人发高热（40 ℃以上）几小时就会发生细胞内部不可逆的损伤，对这种高温损伤有一种可能的解释是什么？

6. 比较蛋白质的沉淀与变性。

六、论述题

1. 什么是蛋白质的变性作用和复性作用？蛋白质变性后哪些性质会发生改变？

2. 举例说明蛋白质构象与功能的关系。

3. 试述离子交换层析的原理。

4. 试述凝胶过滤层所的原理。

5. 蛋白质有哪些重要功能？

巩固提高

1. 思考题

（1）当氨基酸 Ala、Ser、Phe、Leu、Arg、Asp 和 His 的混合物在 pH＝3.9 进行电泳时，哪些氨基酸移向正极（＋）？哪些氨基酸移向负极（－）？

（2）纸电泳时，有相同电荷的氨基酸常可少许分开，例如 Gly 可与 Leu 分开。你能解释吗？

（3）设有一个 pH＝6.0 的 Ala、Val、Glu、Lys 和 Thr 的混合液，试回答在正极（＋）、负极（－）、原点以及未分开的是什么氨基酸？

2. 简要说明为什么大多数球状蛋白在溶液中具有如下性质：

（1）在低 pH 时沉淀。

（2）当离子强度从零增至高值时，先是溶解度增加，然后溶解度降低，最后沉淀。

（3）在给定离子强度的溶液中，等电 pH 时溶解度呈现最小。

（4）加热时沉淀。

（5）当介质的介电常数因加入与水混溶的非极性溶剂而下降时，溶解度降低。

（6）如果介电常数大幅度下降以至介质以非极性溶剂为主，则产生变性。

3. 凝胶过滤和 SDS-聚丙烯酰胺凝胶电泳这两种分离蛋白质的方法均建立在分子大小的基础上，而且两种方法均采用交联的多聚物作为支持介质，为什么在凝胶过滤时，相对分子质量小的蛋白质有较长的保留时间，而在 SDS-聚丙烯酰胺凝胶电泳时，它又"跑"得最快？

4. 在一抽提液中含有 3 种蛋白质，其性质如下：

蛋白质	相对分子质量	等电点
A	20 000	8.5
B	21 000	5.9
C	5 000	6.0

试设计一个方案来分离纯化这三种蛋白质。

知识拓展

1. 查阅蛋白质变性理论奠基人——我国科学家吴宪先生关于蛋白质变性的理论，辨析"变性、沉淀、聚集、絮凝"四个词的异同点，说明蛋白质变性作用的特点和本质。

2. 查阅我国科学家施一公等在国际权威学术杂志发表的关于利用冷冻电镜等技术研究蛋白质结构方面的学术论文，以及同行对他们研究成果的评论，谈谈你的感想。

3. 试用辩证法理解蛋白质的空间结构和生理学功能之间的关系，举例说明蛋白质行使功能过程中的团队协作。

开放性讨论话题

1. 根据蛋白质的分子组成相关知识，比较一杯牛奶、一块豆腐或者一块牛排等常见蛋白类食物与市售各种氨基酸类保健品的营养差异及功能。

2. 羊毛衫和丝织品在热水中洗涤后，在电干燥器中干燥，结果一样吗？为什么？

参考答案

一、单项选择题

1. B 2. C 3. C 4. B 5. D 6. B 7. D 8. D 9. C 10. C 11. D
12. D 13. B 14. B 15. C 16. A 17. B 18. D 19. C 20. D 21. A
22. A 23. D 24. C 25. C

二、填空题

1. 碳 氢 氧 氮 2. 氮 16 3. 正 负 两性离子（兼性离子） 等电点 4. 氨基酸 排列顺序 5. 氨基 羧基 肽键 6. 电荷层 水化膜 7. 次级 物理化学 生物学 8. 球状蛋白质 纤维状蛋白质 9. 单纯蛋白质 结合蛋白质 辅基 10. 苯丙氨酸 酪氨酸 色氨酸 紫外吸收 11. 负极 12. 组氨酸 半胱氨酸 蛋氨酸 13. 极性 疏水性 14. 蓝紫 脯氨酸 15. c a b 16. 超二级结构 三级结构 17. GSH —SH

三、名词解释

1. 两性离子（zwitterion）：指在同一氨基酸分子上含有等量的正负两种电荷，又称兼性离子或偶极离子。

2. 必需氨基酸（essential amino acid）：指人体（和其他哺乳动物）自身不能合成，机体又必需而需要从饮食中获得的氨基酸。

3. 等电点（pI，isoelectric point）：指氨基酸的正离子浓度和负离子浓度相等时的 pH，用符号 pI 表示。

4. 稀有氨基酸（rare amino acid）：指存在于蛋白质中的 20 种常见氨基酸以外的其他罕见氨基酸，它们是正常氨基酸的衍生物。

5. 非蛋白质氨基酸（non‐protein amino acid）：指不存在于蛋白质分子中而以游离状态和结合状态存在于生物体的各种组织和细胞中的氨基酸。

6. 构型（configuration）：指在立体异构体中不对称碳原子上相连的各原子或取代基团的空间排布。构型的转变伴随着共价键的断裂和重新形成。

7. 蛋白质的一级结构（primary structure of a protein）：指蛋白质多肽链中氨基酸的排列顺序，以及二硫键的位置。

8. 构象（conformation）：指有机分子中，不改变共价键结构，仅单键周围的原子旋转所产生的原子空间排布。一种构象改变为另一种构象时，不涉及共价键的断裂和重新形成。构象改变不会改变分子的光学活性。

9. 蛋白质的二级结构（secondary structure of protein）：指在蛋白质分子中的局部区域内，多肽链主链骨架沿一定方向盘绕和折叠的方式。

10. 结构域（structural domain）：指蛋白质多肽链在二级结构的基础上进一步卷曲折叠成几个相对独立的近似球形的组装体。

11. 蛋白质的三级结构（tertiary structure of protein）：指蛋白质在二级结构的基础上借助各种次级键卷曲折叠成特定的球状分子结构的构象。

12. 氢键（hydrogen bond）：指负电性很强的氧原子或氮原子与 N—H 或 O—H 的氢原子间的相互吸引力。

13. 蛋白质的四级结构（quaternary structure of protein）：指多亚基蛋白质分子中各个具有三级结构的多肽链以适当方式聚合所呈现的三维结构。

14. 离子键（ionic bond）：带相反电荷的基团之间的静电引力，也称为静电键或盐键。

15. 超二级结构（super secondary structure）：指蛋白质分子中相邻的二级结构单位组合在一起所形成的有规则的、在空间上能辨认的二级结构组合体。

16. 疏水键（hydrophobic bond）：非极性分子之间的一种弱的、非共价的相互作用。如蛋白质分子中的疏水侧链避开水相而相互聚集形成的作用力。

17. 范德华力（van der Waals force）：中性原子之间通过瞬间静电相互作用产生的一种弱的分子间的力。当两个原子之间的距离为它们的范德华半径之和时，范德华力最强。

18. 盐析（salting out）：在蛋白质溶液中加入一定量的高浓度中性盐（如硫酸铵），使蛋白质溶解度降低并沉淀析出的现象称为盐析。

19. 肽键（peptide bond）：由前一个氨基酸的羧基与后一个氨基酸的氨基共同脱去 1 分子水形成的酰胺键。

20. 蛋白质的变性（protein denaturation）：蛋白质分子的天然构象遭到破坏导致其生物活性丧失的现象。蛋白质在受到光照、热、有机溶剂以及一些变性剂的作用时，次级键遭到破坏导致天然构象的破坏，但其一级结构不发生改变。

21. 蛋白质的复性（protein renaturation）：指在一定条件下，变性的蛋白质分子恢复其原有的天然构象并恢复生物活性的现象。

22. 蛋白质的沉淀（protein precipitation）：在外界因素影响下，蛋白质分子失去水化膜或被中和其所带电荷，导致溶解度降低从而使蛋白质变得不稳定而沉淀的现象。

23. 凝胶电泳（gel electrophoresis）：以凝胶为介质，在电场作用下分离蛋白质或核酸等分子的分离纯化技术。

24. 层析（chromatography）：按照在移动相（可以是气体或液体）和固

定相（可以是液体或固体）之间的分配比例将混合成分分开的技术。

四、判断题

1.√ 2.√ 3.× 4.√ 5.× 6.√ 7.√ 8.√ 9.× 10.×
11.√ 12.× 13.× 14.√ 15.× 16.× 17.√ 18.× 19.× 20.×
21.× 22.√ 23.√ 24.√ 25.√ 26.√ 27.× 28.× 29.× 30.√

五、简答题

1. 答：

组成蛋白质的元素有碳、氢、氧、氮和硫等，其中氮是蛋白质的特征性元素，平均含量为16%。氨基酸是组成蛋白质的基本单位。组成蛋白质的20种氨基酸，都属于L-α-氨基酸（甘氨酸除外）。

2. 答：

蛋白质一级结构指蛋白质多肽链中氨基酸残基的排列顺序。因为蛋白质分子肽链的排列顺序包含了自动形成复杂的三维结构（即正确的空间构象）所需要的全部信息，所以一级结构决定其高级结构。

3. 答：

①多肽链主链绕中心轴旋转，形成棒状螺旋结构，每个螺旋含有3.6个氨基酸残基，螺距为0.54 nm，氨基酸之间的轴心距为0.15 nm。②α螺旋结构的稳定主要靠链内氢键，每个氨基酸的N—H与前面第四个氨基酸的C=O形成氢键。③天然蛋白质的α螺旋结构大都为右手螺旋。

4. 答：

β折叠结构又称为β片层结构，它是肽链主链或某一肽段的一种相当伸展的结构，多肽链呈扇面状折叠。①两条或多条几乎完全伸展的多肽链（或肽段）侧向聚集在一起，通过相邻肽链主链上的氨基和羧基之间形成的氢键连接成片层结构并维持结构的稳定。②氨基酸之间的轴心距为0.347 nm（反平行式）和0.325 nm（平行式）。③β折叠结构有平行排列和反平行排列两种。

5. 答：

高温可以引起组织细胞内的蛋白质或酶的活性发生不可逆的变性，导致细胞内各种生化反应能力的损伤。

6. 答：

蛋白质变性与沉淀的区别：变性强调蛋白质构象破坏，活性丧失，但不一定沉淀；沉淀强调蛋白质溶液的稳定因素被破坏，构象不一定改变，活性也不一定丧失，所以不一定变性。

六、论述题

1. 答：

蛋白质变性作用是指在某些因素的影响下，蛋白质分子的空间构象被破坏，并导致其性质和生物活性改变的现象。蛋白质变性后会发生以下几方面的变化：①生物活性丧失。②理化性质的改变，包括：溶解度降低，因为疏水侧链基团暴露；结晶能力丧失；分子形状改变，由球状分子变成松散结构，分子不对称性加大；黏度增加；光学性质发生改变，如旋光性、紫外吸收光谱等均有所改变。③生物化学性质的改变，分子结构伸展松散，易被蛋白酶分解。

2. 答：

蛋白质的构象决定功能。如蛋白质天然构象被破坏，蛋白质的生物活性就丧失。正常情况下，很多蛋白质的构象不是固定不变的。如人体内很多蛋白质往往存在着不止一种构象，但只有一种构象能显示出高活性，因而，常可通过构象的变化来影响蛋白质功能活性。如血红蛋白，没有结合氧时呈紧张态。当一个亚基血红素与氧分子结合，可引起其他亚基构象依次变构为松弛态，进而增大对氧的亲和力。因此，血红蛋白往往通过构象的变化来完成对氧的运输。

3. 答：

离子交换层析是利用蛋白质所带电荷与固相基质（离子交换剂）之间相互作用达到分离纯化的目的。基质是由带有电荷的树脂或纤维素组成，带有正电荷的称为阴离子交换树脂，可结合带有负电荷的蛋白质；而带有负电荷的称为阳离子交换树脂，可结合带有正电荷的蛋白质。由于蛋白质的氨基酸组成不同，在某一 pH 条件下其带电状况不同，因此与离子交换剂结合的亲和力不同。当用不同离子强度和 pH 的缓冲液洗脱时，可以根据亲和力、分子形状、扩散速度等差异，将蛋白质彼此分离开来。

4. 答：

凝胶过滤层析又称分子筛层析。其原理是利用多孔的固体载体（葡聚糖凝胶、聚丙烯酰胺凝胶、琼脂糖凝胶等制成）装填到层析柱中，加入待分离的蛋白质混合样本，然后进行洗脱。当不同大小和形状的蛋白质分子流经固相载体时所受到的排阻力不等，颗粒直径较大的蛋白质不能进入凝胶颗粒微孔而被先洗脱下来，直径小的则易进入凝胶颗粒微孔内使流程延长而被后洗脱下来，从而将混合物中的不同蛋白质组分彼此分离开。

5. 答：

蛋白质的重要作用主要有以下几方面：①生物催化作用，酶是蛋白质，具有催化能力，新陈代谢的所有化学反应几乎都是在酶的催化下进行的。②结构蛋白，有些蛋白质的功能是参与细胞和组织的建成。③运输功能，如血红蛋白具有运输氧的功能。④收缩运动，收缩蛋白（如肌动蛋白和肌球蛋白）与肌肉收缩和细胞运动密切相关。⑤激素功能，动物体内的激素许多是蛋白质或多肽，是调节新陈代谢的生理活性物质。⑥免疫保护功能，抗体是蛋白质，能与特异抗原结合以清除抗原的作用，具有免疫功能。⑦贮藏蛋白，有些蛋白质具有贮藏功能，如植物种子的谷蛋白可供种子萌发时利用。⑧接受和传递信息，生物体中的受体蛋白能专一地接受和传递外界的信息。⑨控制生长与分化，有些蛋白质参与细胞生长与分化的调控。

 巩固提高

1. 答：

（1）Ala、Ser、Phe 和 Leu 的 pI 均接近 pH＝6，因为 pI 就是净电荷为零时的 pH，所以 pH＝3.9 时，这些分子都具有净正电荷（即部分羧基处于—COOH 状态，而全部氨基处于—NH_3^+ 状态），它们均移向负极，且不能分开。His 和 Arg 的 pI 分别为 7.6 和 10.8，它们移向负极，pI 为 3.0 的 Asp 则移向正极。His 和 Arg 能与移向负极的其他氨基酸分开。

（2）电泳时具有相同电荷的较大分子比较小分子移动得慢，因为电荷对质量之比比较小，因此每单位质量引起迁移的力也比较小。

（3）比较 pI，表明 Glu 带有净负电荷，移向正极；Lys 带有净正电荷，移向负极。在 pH＝6 时，Val、Ala 和 Thr 均接近它们的等电点，虽然 Thr 可能与 Val 和 Ala 分开，但在实际上并不能完全分开。

2. 答：

① 在低 pH 时氨基被质子化，使蛋白质带有大量的净正电荷。这样造成分子内的电荷排斥而引起很多蛋白质变性，并由于疏水内部暴露于水环境而变得不溶。

② 增加盐浓度，开始时能稳定带电基团，但是当盐浓度进一步增加时，盐离子便与蛋白质竞争水分子，因此，降低了蛋白质的溶剂化，这样又促进蛋白质分子间的极性相互作用和疏水相互作用，从而导致沉淀。

③ 蛋白质在等电点时分子间的静电斥力最小。

④ 由于加热使蛋白质变性，因此，暴露出疏水内部，溶解度降低。

⑤ 非极性溶剂能降低表面极性基团的溶剂化作用，因此，促进蛋白质之间的氢键形成以代替蛋白质与水之间形成的氢键。

⑥ 低介电常数能稳定暴露于溶剂中的非极性基团，因此，促进蛋白质的伸展。

3. 答：

凝胶过滤常用的是葡聚糖凝胶（sephadex），这种凝胶颗粒的交联介质排阻相对分子质量较大的蛋白质，仅允许相对分子质量较小的蛋白质进入颗粒内部，所以相对分子质量较大的蛋白质只能在凝胶颗粒之间的孔隙中通过。这意味着它通过柱的体积为床体积减去凝胶颗粒本身所占的体积。而相对分子质量

小的蛋白质必须通过所有的床体积才能流出，所以，相对分子质量小的蛋白质比相对分子质量大的蛋白质有较长的保留时间。而进行 SDS-聚丙烯酰胺凝胶电泳时，其凝胶介质并不存在像葡聚糖凝胶那样的颗粒之间的孔隙。所以，所有的蛋白质分子必须全部通过交联介质而移动。蛋白质的相对分子质量越小，通过交联介质就越快，移动得越迅速。

4. 答：

由于蛋白质 A、蛋白质 B 与蛋白质 C 的相对分子质量相差较大，可用凝胶过滤的方法将蛋白质 A、蛋白质 B 与蛋白质 C 分开并纯化。又由于蛋白质 A 与蛋白质 B 等电点不同，可用离子交换柱层析法将蛋白质 A 与蛋白质 B 分开并纯化。

第三章 核酸化学

主要知识点

第一部分　核酸的化学组成

1. 碱基

碱基也被称为含氮碱基（nitrogenous bases），它们是含有 N 原子的嘌呤（purine）或嘧啶（pyrimidine）的衍生物。衍生于嘧啶的碱基称为嘧啶碱基，衍生于嘌呤的碱基称为嘌呤碱基。

嘧啶环

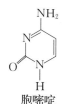

胞嘧啶
（2-氧-4-氨基嘧啶）

尿嘧啶
（2-氧-4-氧嘧啶）

胸腺嘧啶
（2-氧-4-氧-5-甲基嘧啶）

嘌呤环　　　　腺嘌呤　　　　鸟嘌呤　　　　次黄嘌呤　　　　黄嘌呤
　　　　　　（6-氨基嘌呤）（2-氨基-6-氧嘌呤）（6-氧嘌呤）（2-氧-6-氧嘌呤）

如何记住嘌呤环和嘧啶环的编号规则及其五种碱基的结构？

嘧啶环从底部的 N 开始按顺时针编号，嘌呤环"漂浮不定"，先是从它的嘧啶环"飘在"上部的 N 开始逆时针编号，然后是从咪唑环"飘在"上部的 N 开始对剩余的原子顺时针编号。

对于 5 种碱基结构的记法，是先记住其中一个最简单的，然后再将其他碱基看成它的衍生物。如 3 种嘧啶碱基，先记住尿嘧啶（2 号位和 4 号位与 O 相连，联想到尿素的结构），胸腺嘧啶是 5-甲基尿嘧啶，而胞嘧啶是尿嘧啶 4 号位的 O 被氨基取代的产物。至于嘌呤碱基先记住腺嘌呤，它是嘌呤环在 6 号位连上氨基（想象嘌呤环上的六元环由六根线表示），而鸟嘌呤上的氨基连在 2 号位 C 上，原来 6 号位上的氨基被 O 代替。

嘧啶环和嘌呤环的芳香族性质以及环上取代基团（羟基和氨基）的富电子性质，使它们在溶液中能够发生酮式（keto）-烯醇式（enol）或氨基式-亚氨基式的互变异构（tautomeric shift）。虽然碱基的这两种异构体是可以相互转变的，但在体内的主要形式为更稳定的酮式。

2. 核糖

核酸中所含的糖均属于戊糖，有 D-核糖（D-ribose）和 D-2-脱氧核糖（D-2-deoxyribose）两种，它们都以呋喃型环状结构存在。

3. 核苷

核苷（nucleoside）是由戊糖和碱基通过 β-N 糖苷键形成的糖苷，糖苷键由戊糖的异头体 C 原子与嘧啶碱基的 N1 或嘌呤碱基 N9 形成。其中由核糖形成的核苷叫作核糖核苷（ribonucleoside），由脱氧核糖形成的核苷叫作脱氧核糖核苷（deoxyribonucleoside）。为了避免呋喃糖环与碱基环在原子的编号上出现混淆，需要在呋喃环上各原子编号的阿拉伯数字后加"′"。

4. 核苷酸

核苷酸是核苷的戊糖羟基发生磷酸化反应而形成的磷酸酯。其中核糖核苷的磷酸酯为核糖核苷酸（ribonucleotide），脱氧核糖核苷的磷酸酯为脱氧核糖核苷酸（deoxyribonucleotide）。理论上，核苷的 5′-OH、3′-OH 和 2′-OH 均可以发生磷酸化，而分别形成核苷-5′-磷酸、核苷-3′-磷酸和核苷-2′-磷酸。但是，自然界的核苷酸多为核苷-5′-磷酸。

含有一个磷酸基的核苷酸称为核苷一磷酸，可进一步磷酸化形成核苷二磷酸和核苷三磷酸。

核苷酸的生物学功能：作为核酸的基本组成单位，参与能量代谢（ATP），作为许多酶（NAD、NADPH$^+$、FAD、CoA）的辅因子成分，参与细胞信息传递（cAMP）。

5. 核酸及其分类

核酸（nucleic acid）即多聚核苷酸，是由多个核苷酸通过 3′，5′-磷酸二酯键相连的多聚物，可分为核糖核酸（RNA）和脱氧核糖核酸（DNA）两类，其中 DNA 主要存在于细胞核的染色质内，其能作为遗传物质是与其结构分不开的，其一级结构贮存遗传信息，二级结构有助于遗传物质的复制、转录、重组和修复。RNA 主要存在于细胞质中，真核生物的核仁和线粒体中也有少量存在，与 DNA 单一的功能相比，RNA 则是一个多面手，其功能是多方面的，除了作为某些病毒的遗传物质，它还可以在基因表达（蛋白质的生物合成）中起主导作用，甚至还可以作为酶起催化作用。RNA 功能的多样性与其复杂多变的结构有关。

第二部分　核酸的分子结构

1. DNA 的一级结构

DNA 的一级结构是 4 种脱氧核苷酸（dAMP、dGMP、dCMP、dTMP）通过 3′，5′-磷酸二酯键连接起来的线形多聚体，也称为碱基序列或核苷酸序列。

单链 DNA 或者 RNA 分子大小常用核苷酸数目表示，双链 DNA 用碱基对或者千碱基对数目表示。

2. DNA 的二级结构

DNA 是含两条多核苷酸链的双螺旋分子。

（1）双螺旋结构中的碱基组成规则（Chargaff 规则）：①A＝T，G＝C，且A＋G＝T＋C；②不同生物种属的 DNA 碱基组成不同；③同一个体不同器官、不同组织的 DNA 具有相同的碱基组成。

（2）Watson-Crick 的 DNA 分子双螺旋结构模型——B 型 DNA。

① DNA 是一反向平行的互补双链结构。亲水的脱氧核糖基和磷酸基骨架位于双链的外侧，而碱基位于内侧，两条链的碱基互补配对，A 与 T 配对形成 2 个氢键，G 与 C 配对形成 3 个氢键。堆积的疏水性碱基平面与线性分子结构的长轴相垂直。两条链呈反平行走向，一条链 5′→3′，另一条链是 3′→5′。②DNA 是右手螺旋结构。DNA 线性长分子在小小的细胞核中折叠形成了一个

右手螺旋式结构。螺旋直径为 2 nm。螺旋每旋转一周包含了 10 对碱基，每个碱基的旋转角度为 36°，螺距为 3.4 nm，碱基平面之间的距离为 0.34 nm。DNA 双螺旋分子存在一个大沟（major groove）和一个小沟（minor groove），目前认为这些沟状结构与蛋白质和 DNA 间的识别有关。③DNA 双螺旋结构稳定的维系。横向靠两条链间互补碱基的氢键维系，纵向靠碱基平面间的疏水性堆积力维持，尤以碱基堆积力更为重要。

（3）DNA 双螺旋的其他形式。A 型右手双螺旋的碱基对平面与螺轴不垂直（倾斜 20°）（碱基对距离 0.23 mm，螺距 2.53 nm，11 对核苷酸/螺圈）；Z 型左手双螺旋，重复单位为嘌呤-嘧啶（碱基对距离 0.38 nm，螺距 4.56 nm，12 对核苷酸/螺圈）。

（4）稳定双螺旋结构的因素。

①碱基堆积力（主要因素）形成疏水环境。②碱基配对的氢键。（G+C）含量越多，越稳定。③磷酸基上的负电荷与介质中的阳离子或组蛋白的阳离子之间形成离子键，中和了磷酸基上的负电荷间的斥力，有助于 DNA 稳定。④碱基处于双螺旋内部的疏水环境中，可免受水溶性活性小分子的攻击。

3. DNA 的三级结构

超螺旋结构（superhelix 或 supercoil）：DNA 双螺旋链再盘绕即形成超螺旋结构。盘绕方向与 DNA 双螺旋方向一致称为正超螺旋，不一致称为负超螺旋。

原核生物 DNA 的高级结构是环状超螺旋。

4. 核小体

真核生物染色质（chromatin）DNA 是线性双螺旋，它缠绕在组蛋白的八聚体上形成核小体。

组蛋白：富含 Lys 和 Arg 的碱性蛋白质，包括 H1、H2A、H2B、H3、H4。

由许多核小体形成的串珠样结构又进一步盘曲成直径为 30 nm 的中空的染色质纤维，称为螺线管。螺线管再经几次卷曲才能形成染色单体。

第三部分　RNA 的分子结构

1. RNA 的类型

已在生物体内发现多种天然的 RNA，例如转移 RNA（tRNA）、信使 RNA（mRNA）、核糖体 RNA（rRNA）、核小 RNA（small nuclear RNA，snRNA）、核仁小 RNA（small nucleolar RNA，snoRNA）、微 RNA（microRNA，miRNA）、小干扰 RNA（属人工合成 RNA 的一种）、长链非编码 RNA（long noncoding RNA，lncRNA）、7SL RNA、向导 RNA（guide

RNA，gRNA）和 Xis tRNA 等。这些 RNA 具有特殊的结构和功能，其中某些 RNA 存在于所有的生物中，某些 RNA 是真核生物或原核生物特有的。有时，根据 RNA 是否具有编码蛋白质的功能，可将 RNA 分为编码 RNA（coding RNA，cRNA）和非编码 RNA（non‐coding RNA，ncRNA），按照这样的划分，显然 mRNA 以外的所有 RNA，如 tRNA、rRNA、snRNA 和 miRNA 等都属于 ncRNA。而 ncRNA 还可以进一步分为管家 ncRNA（house‐keeping ncRNA）和调控 ncRNA（regulatory ncRNA），前者呈组成型表达，是细胞的正常功能和生存所必需的，后者只在特定的细胞，或者在生物发育的某个阶段，或者在受到特定的外界刺激以后才表达，它们的表达能够在转录或翻译水平上影响到其他基因的表达。

2. RNA 的碱基组成

RNA 是 AMP、GMP、CMP、UMP 通过 $3',5'$-磷酸二酯键形成的线形多聚体。组成 RNA 的戊糖是核糖，碱基中 RNA 的 U 替代 DNA 中的 T，此外，RNA 中还有一些稀有碱基。

3. RNA 的一级结构

核酸中核苷酸的排列顺序。

4. RNA 的二级结构

天然 RNA 分子都是单链线形分子，只有部分区域是 A 型双螺旋结构，成茎环样或发夹结构。双螺旋区一般占 RNA 分子的 50% 左右。

（1）mRNA。

特点：含量最少（$2\%\sim3\%$），种类多，代谢最快（寿命短）。

结构：原核细胞 mRNA 整个分子分为三部分，即 $5'$ 非编码序列、编码序列、$3'$ 非编码序列。

真核细胞 mRNA 分子分为五部分：帽子、$5'$ 非编码序列（前导序列）、编码序列、$3'$ 非编码序列（拖尾序列）和尾巴。

（2）tRNA。$10\%\sim15\%$，$70\sim90$ 个核苷酸。

特点：稀有碱基多，分子质量小。

结构：tRNA 通常由 $73\sim93$ 个核苷酸组成，含有较多的稀有碱基，$3'$ 末端皆为……CpCpA‐OH，用来接受活化的氨基酸，$5'$ 末端大多为 pG……或 pC……。

tRNA 的二级结构为三叶草形，记住"三环一柄"及其功能：tRNA 结构中含有"三环"（二氢尿嘧啶环、反密码子环、TψC 环）、"一柄"（氨基酸臂）。"三环"构成"三叶草"的叶片，氨基酸臂构成"叶柄"。其中，反密码子环中部的 3 个碱基可以与 mRNA 的密码子形成碱基互补配对，解读遗传密码，称为反密码子（anticodon）。次黄嘌呤（I）常出现于反密码子中。氨基酸臂 3′末端的 CCA - OH 用于连接该 tRNA 转运的氨基酸。

tRNA 的三级结构呈倒 L 形，其中反密码子环和氨基酸臂分别位于倒 L 的两端。

（3）rRNA。

特点：含量最大（70%~80%），甲基化多。

种类：原核有 23S、16S、5S，真核有 28S、18S、5S、5.8S。

与多种蛋白质结合形成核糖体（大亚基、小亚基），是蛋白质的合成场所。

第四部分　核酸的理化性质

1. 一般理化性质

核酸微溶于水，溶液有黏性。碱性溶液中 DNA 较稳定。RNA 易于被水解，室温下 0.1 mol/L NaOH 可将 RNA 完全水解，得到 2′-或 3′-磷酸核苷的混合物。在相同条件下，DNA 不被水解。这是因为 RNA 中 2′- OH 的存在，促进了磷酸酯键的水解。

核酸不溶于一般有机溶剂；DNA 在 50% 乙醇溶液中沉淀，RNA 在 70% 乙醇溶液中沉淀。

核酸有两类可解离的基团，磷酸和碱基能发生两性解离。磷酸是中等强度的酸，碱基的碱性较弱，因此，核酸等电点在较低的 pH 范围内。DNA 等电点为 4~4.5，RNA 等电点为 2~2.5。RNA 链中，核糖 2′- OH 的氢能与磷酸酯中的羟基氧形成氢键，促进磷酸酯羟基氢原子的解离。

2. 核酸的紫外吸收

碱基具有共轭双键，使碱基、核苷、核苷酸和核酸在 240~290 nm 的紫外线波段有强烈的光吸收，A_{max}＝260 nm，这一性质有以下应用。

（1）鉴定纯度。纯 DNA 的 A_{260}/A_{280} 应为 1.8（1.65~1.85），若大于 1.8，表示污染了 RNA。纯 RNA 的 A_{260}/A_{280} 应为 2.0。若溶液中含有杂蛋白或苯酚，则 A_{260}/A_{280} 的值明显降低。

（2）含量计算。1 ABS 值相当于：50 μg/mL 双螺旋 DNA，或 40 μg/mL 单螺旋 DNA（或 RNA），或 20 μg/mL 核苷酸。

（3）增色效应与减色效应。增色效应：在 DNA 的变性过程中，摩尔吸光系数增大。减色效应：在 DNA 的复性过程中，摩尔吸光系数减小。

3. 变性

概念：在物理、化学因素的影响下，DNA 双螺旋结构解为单链的现象称为变性。变性不会破坏 DNA 的共价键结构。只是破坏 DNA 的氢键和碱基堆积力。

变性后的特点：紫外吸收增加。

增色效应：DNA 变性过程中，其紫外吸收增加的现象。

变性因素：强酸碱、有机溶剂、高温等。

影响因素：①（G+C）含量。②DNA 的复杂程度（均一性），均一性好，则熔解温度范围窄。③介质的离子强度，离子强度高，则 T_m 值高。

4. 复性

概念：变性 DNA 重新成为双螺旋结构的现象。

特点：紫外吸收减少。

减色效应：DNA 复性过程中，紫外吸收减少的现象。

常用的复性方法：退火（温度缓慢降低，使变性的 DNA 重新形成双螺旋结构的过程）。

5. 核酸分子杂交

概念：不同来源的核酸链因存在互补序列而形成互补双链结构，这一过程就是核酸分子杂交过程。

包括 DNA‐DNA 杂交、DNA‐RNA 杂交、RNA‐RNA 杂交。

原因：不同核酸的碱基之间可以形成碱基配对。

用途：是分子生物学研究与基因工程操作的常用技术。

知识巩固

一、单项选择题

1. 热变性的 DNA 分子在适当条件下可以复性，条件之一是（　　）

　　A. 骤然冷却　　　　　　　　　　B. 缓慢冷却

　　C. 浓缩　　　　　　　　　　　　D. 加入浓的无机盐

2. 在适宜条件下，核酸分子两条链通过杂交作用可自行形成双螺旋，取决于（　　）

　　A. DNA 的 T_m 值　　　　　　　B. 序列的重复程度

　　C. 核酸链的长短　　　　　　　　D. 碱基序列的互补

3. 核酸中核苷酸之间的连接方式是（　　）

　　A. $2',5'$-磷酸二酯键　　　　　　B. 氢键

　　C. $3',5'$-磷酸二酯键　　　　　　D. 糖苷键

4. tRNA 的分子结构特征是（　　）

　　A. 有反密码子环和 $3'$ 端有—CCA 序列

　　B. 有反密码子环和 $5'$ 端有—CCA 序列

　　C. 有密码子环

　　D. $5'$ 端有—CCA 序列

5. 下列关于 DNA 分子中的碱基组成的定量关系，不正确的是（　　）

A. C+A=G+T   B. C=G

C. A=T   D. C+G=A+T

6. 下面关于 Watson – Crick DNA 双螺旋结构模型的叙述，正确的是 （　　）

 A. 两条单链的走向是反平行的   B. 碱基 A 和 G 配对

 C. 碱基之间共价结合   D. 磷酸戊糖主链位于双螺旋内侧

7. 具 5′ – CpGpGpTpAp – 3′ 顺序的单链 DNA 能与下列哪个 RNA 杂交 （　　）

 A. 5′ – GpCpCpAp – 3′   B. 5′ – GpCpCpApUp – 3′

 C. 5′ – UpApCpCpGp – 3′   D. 5′ – TpApCpCpGp – 3′

8. RNA 和 DNA 彻底水解后的产物 （　　）

 A. 核糖相同，部分碱基不同   B. 碱基相同，核糖不同

 C. 碱基不同，核糖不同   D. 碱基不同，核糖相同

9. tRNA 的三级结构是 （　　）

 A. 三叶草形结构   B. 倒 L 形结构

 C. 双螺旋结构   D. 发夹结构

10. 维系 DNA 双螺旋稳定的最主要的力是 （　　）

 A. 氢键   B. 离子键   C. 碱基堆积力   D. 范德华力

11. 下列关于 DNA 的双螺旋二级结构稳定的因素，哪个是不正确的 （　　）

 A. 3′,5′-磷酸二酯键

 B. 互补碱基对之间的氢键

 C. 碱基堆积力

 D. 磷酸基团上的负电荷与介质中的阳离子之间形成的离子键

12. T_m 是指以下哪种情况下的温度 （　　）

 A. 双螺旋 DNA 达到完全变性时   B. 双螺旋 DNA 开始变性时

 C. 双螺旋 DNA 结构失去 1/2 时   D. 双螺旋结构失去 1/4 时

13. 稀有核苷酸碱基主要见于 （　　）

 A. DNA   B. mRNA   C. tRNA   D. rRNA

14. 双链 DNA 的解链温度升高，提示其中含量高的是 （　　）

 A. A 和 G   B. C 和 T   C. A 和 T   D. C 和 G

15. 核酸变性后，可发生的效应是 （　　）

 A. 减色效应   B. 增色效应

 C. 失去对紫外线的吸收能力   D. 最大吸收峰波长发生转移

16. 某双链 DNA 纯样品含 15% 的 A，该样品中 G 的含量为 （　　）

 A. 35%   B. 15%   C. 30%   D. 20%

17. 下列关于 Z 型 DNA 结构的叙述，不正确的是（　　）

    A. 它是左手螺旋

    B. 每个螺旋有 12 个碱基对，每个碱基对上升 0.37 nm

    C. DNA 的主链呈 Z 形

    D. 它是细胞内 DNA 存在的主要形式

18. 下列关于 DNA 超螺旋的叙述，不正确的是（　　）

    A. 超螺旋密度 a 为负值，表示 DNA 螺旋不足

    B. 超螺旋密度 a 为正值，表示 DNA 螺旋不足

    C. 大部分细胞 DNA 呈负超螺旋

    D. 当 DNA 分子处于某种结构张力之下时才能形成超螺旋

19. 下列哪种技术常用于检测凝胶电泳分离后的限制性酶切片段（　　）

    A. Eastern blotting   B. Southern blotting

    C. Northern blotting   D. Western blotting

20. 胸腺嘧啶除了作为 DNA 的主要组分外，还经常出现在哪种分子中

（　　）

    A. mRNA   B. tRNA   C. rRNA   D. hnRNA

21. 对 DNA 片段作物理图谱分析，需要用以下哪种酶（　　）

    A. 核酸外切酶   B. DNase Ⅰ

    C. 限制性内切酶   D. DNA 聚合酶 Ⅰ

22. 在 mRNA 中，核苷酸之间以何种键连接（　　）

    A. 磷酸酯键   B. 氢键   C. 糖苷键   D. 磷酸二酯键

23. 真核细胞 RNA 帽样结构中最多见的是（　　）

    A. m7ApppNmp（Nm）pN   B. m7GpppNmp（Nm）pN

    C. m7UpppNmp（Nm）pN   D. m7CpppNmp（Nm）pN

24. DNA 变性后理化性质有下述哪种改变（　　）

    A. 对 260 nm 紫外光吸收减少   B. 溶液黏度下降

    C. 磷酸二酯键断裂   D. 糖苷键断裂

25. 决定 tRNA 携带氨基酸特异性的关键部位是（　　）

    A. —XCCA 3′末端   B. TψC 环

    C. HDU 环   D. 反密码子环

26. 下列对环核苷酸的描述错误的是（　　）

    A. 是由 5′-核苷酸的磷酸基与核糖 C3′上的羟基脱水缩合成酯键，成
为核苷的 3′,5′-环磷酸二酯

    B. 重要的环核苷酸有 cAMP 及 cGMP

    C. cAMP 在生理活动及物质代谢中有重要的调节作用，被称为第二信使

D. 环核苷酸的核糖分子中碳原子上没有自由的羟基

27. DNA 携带生物遗传信息这一事实意味着（　　）

    A. 不论哪一物种的碱基组成均应相同

    B. 病毒的侵染是靠蛋白质转移至宿主细胞来实现的

    C. 同一生物不同组织的 DNA，其碱基组成相同

    D. DNA 的碱基组成随机体年龄及营养状态而改变

28. 下列关于核酸的描述，错误的是（　　）

    A. 核酸分子具有极性

    B. 多核苷酸链有两个不相同的末端

    C. 多核苷酸链的 $3'$ 端为磷酸基

    D. 多核苷酸链的 $5'$ 端为磷酸基

29. 自然界游离核苷酸中的磷酸最常位于（　　）

    A. 核苷的戊糖的 $C2'$ 上　　　　　　　B. 核苷的戊糖的 $C3'$ 上

    C. 核苷的戊糖的 $C5'$ 上　　　　　　　D. 核苷的戊糖的 $C2'$ 及 $C3'$ 上

二、填空题

1. 核酸的基本结构单位是＿＿＿＿＿＿＿＿。

2. 脱氧核糖核酸在糖环＿＿＿＿＿＿＿＿位置不带羟基。

3. 两类核酸在细胞中的分布不同，DNA 主要位于＿＿＿＿＿＿＿＿中，RNA主要位于＿＿＿＿＿＿＿＿中。

4. 核酸的特征元素是＿＿＿＿＿＿＿＿。

5. DNA 中的＿＿＿＿＿＿＿＿嘧啶碱与 RNA 中的＿＿＿＿＿＿＿＿嘧啶碱的氢键结合性质是相似的。

6. DNA 双螺旋的两股链的顺序是＿＿＿＿＿＿＿＿关系。

7. B 型 DNA 双螺旋的螺距为＿＿＿＿＿＿＿＿，每匝螺旋有＿＿＿＿＿＿＿＿对碱基，每对碱基的转角是＿＿＿＿＿＿＿＿。

8. 在 DNA 分子中，一般来说（G＋C）含量高时，比重＿＿＿＿＿＿＿＿，T_m（熔解温度）则＿＿＿＿＿＿＿＿，分子比较稳定。

9. 在＿＿＿＿＿＿＿＿条件下，互补的单股核苷酸序列将缔结成双链分子。

10. ＿＿＿＿＿＿＿＿（RNA）分子指导蛋白质合成，＿＿＿＿＿＿＿＿（RNA）分子用作蛋白质合成中活化氨基酸的载体。

11. DNA 分子的沉降系数决定于＿＿＿＿＿＿＿＿、＿＿＿＿＿＿＿＿。

12. DNA 变性后，紫外吸收＿＿＿＿＿＿＿＿，黏度＿＿＿＿＿＿＿＿，浮力密度＿＿＿＿＿＿＿＿，生物活性将＿＿＿＿＿＿＿＿。

13. 因为核酸分子具有＿＿＿＿＿＿＿＿、＿＿＿＿＿＿＿＿，所以在＿＿＿＿＿＿＿＿ nm 处有吸收峰，可用紫外分光光度计测定。

14. DNA 样品的均一性愈高，其熔解过程的温度范围愈_____。

15. mRNA 在细胞内的种类_____，但只占 RNA 总量的_____，它是以_____为模板合成的，又是_____合成的模板。

16. 变性 DNA 的复性与许多因素有关，包括_____、_____、_____、_____、_____等。

17. 维持 DNA 双螺旋结构稳定的主要因素是_____，其次，存在于 DNA 分子中的弱作用力如_____、_____和_____也起一定作用。

18. tRNA 的二级结构呈_____形，三级结构呈_____形，其 3′ 末端有一共同碱基序列_____，其功能是_____。

19. 常见的环化核苷酸有_____和_____。其作用是_____，它们核糖上的_____位与_____位磷酸- OH 环化。

20. 真核细胞的 mRNA 帽子由_____组成，其尾部由_____组成。

21. DNA 在水溶解中热变性之后，如果将溶液迅速冷却，则 DNA 保持_____状态；若使溶液缓慢冷却，则 DNA 重新形成_____。

三、名词解释

1. 单核苷酸（single nucleotide）

2. 磷酸二酯键（phosphodiester bond）

3. 碱基互补规律（the law of base complementation）

4. 密码子（codon）

5. 反密码子（anticodon）

6. 基因（gene）

7. 单顺反子（monocistron）

8. 多顺反子（polycistron）

9. 核酸的变性（denaturation of nucleic acid）

10. 核酸的复性（renaturation of nucleic acid）

11. 退火（annealing）

12. 增色效应（hyperchromic effect）

13. 减色效应（achromatic effect）

14. 噬菌体（phage）

15. 发夹结构（hairpin structure）

16. DNA 的熔解温度（T_m 值，melting temperature of DNA）

17. 分子杂交（molecular hybridization）

18. 环化核苷酸（cyclic nucleotides）

四、判断题

1. tRNA 的二级结构是倒 L 形。（　　）

2. DNA 分子中的（G+C）的含量愈高，其熔点（T_m）值愈大。（　　）

3. 在 tRNA 分子中，除 4 种基本碱基（A、G、C、U）外，还含有稀有碱基。（　　）

4. 一种生物所有体细胞的 DNA，其碱基组成均是相同的，这个碱基组成可作为该类生物种的特征。（　　）

5. 核酸探针是指带有标记的一段核酸单链。（　　）

6. DNA 是遗传物质，而 RNA 则不是。（　　）

7. 核糖体不仅存在于细胞质中，也存在于线粒体和叶绿体中。（　　）

8. 基因表达的最终产物都是蛋白质。（　　）

9. 毫无例外从结构基因中的 DNA 序列可以推出相应的蛋白质序列。（　　）

10. 对于提纯的 DNA 样品，测得 $A_{260}/A_{280} < 1.8$，则说明样品中含有 RNA。（　　）

11. 在所有病毒中，迄今为止还没有发现既含有 RNA 又含有 DNA 的病毒。（　　）

12. 生物体内，天然存在的 DNA 多为负超螺旋。（　　）

13. 由两条互补链组成的一段 DNA 有相同的碱基组成。（　　）

14. 所有生物的染色体都具有核小体结构。（　　）

15. 核酸是两性电解质，但通常表现为酸性。（　　）

16. 核酸的紫外吸收与溶液的 pH 无关。（　　）

17. mRNA 是细胞内种类最多、含量最丰富的 RNA。（　　）

18. tRNA 的二级结构中的额外环是 tRNA 分类的重要指标。（　　）

五、简答题

1. 将核酸完全水解后可得到哪些组分？DNA 和 RNA 的水解产物有何不同？

2. 简述 RNA 的主要类型及其生物学功能。

3. DNA 热变性有何特点？T_m 值表示什么？

4. 在 pH7.0，0.165 mol/L NaCl 条件下，测得某一 DNA 样品的 T_m 为 89.3 ℃。求出 4 种碱基百分组成。

5. 简述下列因素如何影响 DNA 的复性过程。

① 阳离子的存在；② 低于 T_m 的温度；③ 高浓度的 DNA 链。

六、论述题

1. 试述 tRNA 二级结构的组成特点及其每一部分的功能。

2. DNA 分子二级结构有哪些特点？

巩固提高

1. 对一双链 DNA 而言，若其中一条链中 (A+G)/(T+C)＝0.7，则：

(1) 互补链中 (A+G)/(T+C)＝?

(2) 在整个 DNA 分子中 (A+G)/(T+C)＝?

(3) 若一条链中 (A+T)/(C+G)＝0.7，则互补链中 (A+T)/(C+G)＝? 在整个 DNA 分子中 (A+T)/(C+G)＝?

2. 从细菌 A 和细菌 B 中分别分离到两个 DNA 样品，细菌 A 的 DNA 中含有 32% 的腺嘌呤碱基，而细菌 B 的 DNA 中含有 17% 的腺嘌呤碱基。

(1) 请你估计这两种细菌 DNA 各自所含的腺嘌呤、鸟嘌呤、胸腺嘧啶和胞嘧啶的比例是多少？

(2) 如果这两种细菌中的一种是来自温泉，哪一种菌应该是温泉菌，为什么？

3. 现有纯化的小牛胸腺 DNA 和牛血清蛋白溶液各一瓶。请简要写出根据核酸和蛋白质紫外吸收的特性区分上述两种物质的实验原理。

4. 一条单链 DNA 与一条单链 RNA 分子质量相同，你可以用几种方法将它们分开？并简述其原理。

知识拓展

1. 根据 DNA 双螺旋模型的提出时间及基本内容，通过查阅资料充分认识这一基础研究成果在分子生物学发展史和现代生物工程中的贡献与意义，感受科学技术进步与生产力的关系。

2. 为了解遗传物质 DNA 分子中所蕴含的遗传信息，DNA 测序技术已经历了几代的变化，请通过查阅资料了解测序技术从原理、测序速度和成本等方面升级换代的历程，感受人类认识和探索物质世界的过程。

3. 利用质量互变规律理解和解释核酸的变性和复性过程。

开放性讨论话题

1. DNA 作为遗传信息的载体，在现实生活中经常出现，比如：亲子鉴定、法医鉴定等，请列举在生活中类似的应用场景，并应用所学生物化学知识解释其科学原理。

2. 遗传信息的载体为什么是 DNA，而不是 RNA？

参考答案

一、单项选择题

1. B 2. D 3. C 4. A 5. D 6. A 7. C 8. C 9. B 10. C 11. A
12. C 13. C 14. D 15. B 16. A 17. D 18. B 19. B 20. B 21. C 22. D
23. B 24. B 25. A 26. D 27. C 28. C 29. C

二、填空题

1. 核苷酸 2. 2′ 3. 细胞核 细胞质 4. 磷 5. 胸腺 尿 6. 反向平行、互补 7. 3.4 nm 10 36° 8. 大 高 9. 退火 10. mRNA tRNA 11. 分子大小 分子形状 12. 增加 下降 升高 丧失 13. 嘌呤 嘧啶 260 14. 窄 15. 多 5% DNA 蛋白质 16. 样品的均一度 DNA 的浓度 DNA 片段大小 温度 溶液离子强度 17. 碱基堆积力 氢键 离子键 范德华力 18. 三叶草 倒 L CCA 携带活化了的氨基酸 19. cAMP cGMP 第二信使 3′ 5′ 20. m7G polyA 21. 单链 双链

三、名词解释

1. 单核苷酸（single nucleotide）：核苷与磷酸缩合生成的磷酸酯称为单核苷酸。

2. 磷酸二酯键（phosphodiester bond）：单核苷酸中，核苷的戊糖与磷酸的羟基之间形成的磷酸酯键。

3. 碱基互补规律（the law of base complementation）：在形成双螺旋结构的过程中，各种碱基大小与结构的不同，使得碱基之间的互补配对只能在 G≡C（或 C≡G）和 A＝T（或 T＝A）之间进行，这种碱基配对的规律就称为碱基配对规律（互补规律）。

4. 密码子（codon）：RNA 分子中每相邻的三个核苷酸编成一组，在蛋白质合成时，代表某一种氨基酸。

5. 反密码子（anticodon）：RNA 链经过折叠，看上去像三叶草的叶形，其一端是携带氨基酸的部位，另一端有 3 个碱基。每个 tRNA 的这 3 个碱基可以与 mRNA 上的密码子互补配对，因而叫反密码子。

6. 基因（gene）：遗传的基本单元，是 DNA 或 RNA 分子上具有遗传信息的特定核苷酸序列。

7. 单顺反子（monocistron）：真核基因转录产物为单顺反子，即一条 mRNA 模板只含有一个翻译起始点和一个终止点，因而一个基因编码一条多肽链或 RNA 链，每个基因转录有各自的调节元件。

8. 多顺反子（polycistron）：在原核细胞中，通常是几种不同的 mRNA 连

在一起，相互之间由一段短的不编码蛋白质的间隔序列所隔开，这种 mRNA 叫作多顺反子 mRNA。这样的一条 mRNA 链含有指导合成几种蛋白质的信息。

9. 核酸的变性（denaturation of nucleic acid）：当呈双螺旋结构的 DNA 溶液缓慢加热时，其中的氢键便断开，双链 DNA 便脱解为单链，这叫作核酸的溶解或变性。

10. 核酸的复性（renaturation of nucleic acid）：在适宜的温度下，分散开的两条 DNA 链可以完全重新结合成和原来一样的双股螺旋，这个 DNA 螺旋的重组过程称为复性。

11. 退火（annealing）：当将双股链呈分散状态的 DNA 溶液缓慢冷却时，它们可以发生不同程度的重新结合而形成双链螺旋结构，这种现象称为退火。

12. 增色效应（hyperchromic effect）：当 DNA 从双螺旋结构变为单链的无规则卷曲状态时，它在 260 nm 处的吸收便增加，这种现象称为增色效应。

13. 减色效应（achromatic effect）：DNA 在 260 nm 处的光密度比 DNA 分子中的各个碱基在 260 nm 处吸收的光密度的总和小得多（少 35%～40%），这种现象称为减色效应。

14. 噬菌体（phage）：是感染细菌、真菌、放线菌或螺旋体等微生物的病毒的总称。作为病毒的一种，噬菌体具有病毒的一些特性：个体微小；不具有完整细胞结构；只含有单一核酸。

15. 发夹结构（hairpin structure）：RNA 是单链线形分子，只有局部区域为双链结构。这些结构是由于 RNA 单链分子通过自身回折使得互补的碱基对相遇，形成氢键结合而成的，称为发夹结构。

16. DNA 的熔解温度（T_m 值，melting temperature of DNA）：通常将加热变性使 DNA 的双螺旋结构失去一半时的温度称为该 DNA 的熔点或溶解温度。

17. 分子杂交（molecular hybridization）：不同的 DNA 片段之间，DNA 片段与 RNA 片段之间，如果彼此间的核苷酸排列顺序互补也可以复性，形成新的双螺旋结构。这种按照互补碱基配对而使不完全互补的两条多核苷酸相互结合的过程称为分子杂交。

18. 环化核苷酸（cyclic nucleotides）：单核苷酸中的磷酸基分别与戊糖的 $3'-OH$ 及 $5'-OH$ 形成酯键，这种磷酸内酯的结构称为环化核苷酸。

四、判断题

1. × 2. √ 3. √ 4. √ 5. √ 6. × 7. √ 8. × 9. × 10. ×
11. √ 12. √ 13. × 14. × 15. √ 16. × 17. × 18. √

五、简答题

1. 答：

核酸完全水解后可得到碱基、戊糖、磷酸三种组分。DNA 和 RNA 的水解产物戊糖、嘧啶碱基不同。

2. 答：

RNA 的类型主要有 3 类：信使 RNA（mRNA）、核糖体 RNA（rRNA）和转运 RNA（tRNA）。RNA 的生物学功能：① mRNA，合成蛋白质的模板；② tRNA，携带转运氨基酸；③ rRNA，与蛋白质结合成的核糖体是合成蛋白质的场所。

3. 答：

将 DNA 的稀盐溶液加热到 $70\sim100\ ℃$ 几分钟后，双螺旋结构即发生破坏，氢键断裂，两条链彼此分开，形成无规则线团状，此过程为 DNA 的热变性，有以下特点：变性温度范围很窄，260 nm 处的紫外吸收增加；黏度下降；生物活性丧失；比旋度下降；酸碱滴定曲线改变。T_m 值代表核酸的变性温度（熔解温度、熔点），在数值上等于 DNA 变性时摩尔磷消光值（紫外吸收）达到最大变化值半数时所对应的温度。

4. 答：

因为 $(G+C)\% = (T_m - 69.3) \times 2.44 \times 100\% = (89.3 - 69.3) \times 2.44 \times 100\% = 48.8\%$

所以 G＝C＝24.4％

因为 $(A+T)\% = 1 - 48.8\% = 51.2\%$

所以 A＝T＝25.6％

5. 答：

①阳离子的存在可中和 DNA 中带负电荷的磷酸基团，减弱 DNA 链间的静电作用，促进 DNA 的复性；②低于 T_m 的温度可以促进 DNA 复性；③DNA 链浓度增高可以加快互补链随机碰撞的速度、机会，从而促进 DNA 复性。

六、论述题

1. 答：

tRNA 的二级结构为三叶草形。其结构特征为：

（1）tRNA 的二级结构由三环、一柄组成。已配对的片段称为臂，未配对的片段称为环。

（2）叶柄是氨基酸臂。其上含有 CCA—OH3′，此结构是接受氨基酸的位置。

（3）氨基酸臂对面是反密码子环。在它的中部含有 3 个相邻碱基组成的反密码子，可与 mRNA 上的密码子相互识别。

（4）左环是二氢尿嘧啶环（D 环），它与氨酰- tRNA 合成酶的结合有关。

（5）右环是假尿嘧啶环（TψC 环），它与核糖体的结合有关。

（6）在反密码子与假尿嘧啶环之间的是可变环，它的大小决定着 tRNA 分子大小。

2. 答：

按 Watson - Crick 模型，DNA 的结构特点有：两条反向平行的多核苷酸链围绕同一中心轴互绕；碱基位于结构的内侧，而亲水的糖磷酸主链位于螺旋的外侧，通过磷酸二酯键相连，形成核酸的骨架；碱基平面与轴垂直，糖环平面则与轴平行。两条链皆为右手螺旋；双螺旋的直径为 2 nm，碱基堆积距离为 0.34 nm，两核酸之间的夹角是 36°，每对螺旋由 10 对碱基组成；碱基按 A＝T、G≡C 配对互补，彼此以氢键相连。维持 DNA 结构稳定的力量主要是碱基堆积力；双螺旋结构表面有两条螺形凹沟，一大一小。

巩固提高

1. 答：

（1）设 DNA 的两条链分别为 1 和 2，则 $A_1＝T_2$，$T_1＝A_2$，$G_1＝C_2$，$C_1＝G_2$

因为 $(A_1+G_1)/(T_1+C_1)=(T_2+C_2)/(A_2+G_2)=0.7$

所以互补链中：$(A_2+G_2)/(T_2+C_2)=10/7$

（2）在整个分子中，因有 A＝T，G＝C，故 A＋G＝T＋C，$(A+G)/(T+C)=1$

（3）假设同（1），则

$A_1+T_1=T_2+A_2$，$G_1+C_1=G_2+C_2$

故 $(A_1+T_1)/(C_1+G_1)=(A_2+T_2)/(C_2+G_2)=0.7$

（4）$(A_1+T_1+A_2+T_2)/(G_1+C_1+G_2+C_2)=2(A_1+T_1)/2(G_1+C_1)=0.7$

2. 答：

（1）根据 Chargaff 规则，在双链 DNA 中，A＝T，G＝C，可以估计，A 细菌中碱基的比例分别为：腺嘌呤 32％、胸腺嘧啶 32％、鸟嘌呤 18％、胞嘧啶 18％；B 细菌中碱基的比例分别为：腺嘌呤 17％、胸腺嘧啶 17％、鸟嘌呤 33％、胞嘧啶 33％。

（2）B 细菌来自温泉。因为其（G＋C）含量要高于 A 细菌。

3. 答：

由于嘌呤碱与嘧啶碱具有芳香共轭体系，使得核酸在 240～290 nm 紫外线波段有一强烈的吸收峰，其最大吸收值在 260 nm 附近；而蛋白质中 Tyr、Phe

和 Phe 也具有芳香共轭体系，使得蛋白质的一般最大吸收值在 280 nm 处。所以可以根据两者紫外吸收值的差异进行区分。

4. 答：

① 用酶水解。用专一性的 RNA 酶与 DNA 酶分别对两者进行水解。

② 用碱水解。RNA 能够被水解，而 DNA 不能被水解。

③ 进行颜色反应。二苯胺试剂可以使 DNA 变成蓝色；苔黑酚（地衣酚）试剂能使 RNA 变成绿色。

④ 用酸水解后，进行单核苷酸分析（层析法或电泳法），含有 U 的是 RNA，含有 T 的是 DNA。

第四章　生物催化剂——酶

学习目标

1. 重点掌握酶催化反应的特征，酶的结构与功能的关系，其中包括酶活性中心、多酶体系的概念、酶原激活的原理。

2. 掌握酶的作用机制，包括酶的中间产物学说、酶作用专一性的类型、酶作用高效性的原理。

3. 掌握米氏方程及应用、K_m 值的意义及其求法；熟悉酶不可逆的类型及应用；掌握酶抑制作用的有关概念、三种可逆抑制的动力学特征，熟悉其动力学方程；掌握 pH 对酶促反应速率的影响，了解激活剂对酶促反应的影响。

4. 了解酶的命名和分类。

5. 熟悉酶的组成与辅酶，几种重要的酶，酶的分离纯化和活力测定。

6. 了解维生素的概念，熟悉脂溶性维生素的结构特点、生理功能和缺乏病，掌握水溶性维生素与辅酶的关系及缺乏病。

重点难点

1. 底物浓度对酶促反应速率的影响、米氏常数的含义。

2. 竞争性抑制作用和非竞争性抑制作用的原理及实例。

主要知识点

第一部分　酶的一般概念

1. 概述

酶（enzyme）是由活细胞产生的一类生物催化剂，具有极高的催化效率和高度的底物特异性，其化学本质大多数是蛋白质。

（1）化学本质。酶的化学本质是除有催化活性的核酶和脱氧核酶之外几乎都是蛋白质。酶的化学组成中，氮元素的含量为16％左右。

（2）核酶和抗体酶。

① 核酶：具有催化功能的 RNA 分子称为核酶；具有催化功能的 DNA 分子称为脱氧核酶。

② 抗体酶（abzyme）：本质是免疫球蛋白，在其可变区被赋予了酶的属性，具有催化功能，又称催化抗体（catalytic antibody）。

2. 酶催化作用的特征

酶和一般催化剂一样，能够加快化学反应的速率，缩短达到化学反应平衡所需的时间，但不改变化学反应的平衡点。酶在化学反应中本身不被消耗，参加完一次化学反应后，酶分子立即恢复到原来的状态，继续参与反应。但和一般催化剂相比，酶有一些特有的性质，它们包括：

（1）酶催化的高效性。酶催化的反应速率比未催化的反应速率高 $10^8 \sim 10^{20}$ 倍，比其他催化的反应速率高 $10^7 \sim 10^{13}$ 倍。

（2）酶催化的高度专一性。专一性（specificity）是指酶催化的反应物或催化的反应有严格的专一性。酶催化的反应物通常称为底物（substrate）。专一性一般有 4 种类型：①绝对专一性（absolute specificity）——酶只能催化一种底物，例如脲酶只能催化尿素的水解。②基团专一性（group specificity）——酶催化的键两端的基团要求有一个特定基团，例如 α-D-葡糖苷酶。③键专一性（linkage specificity）——酶催化的底物要求有特定的键，例如酯酶只能催化酯的水解。④立体异构专一性（stereospecificity）——包括旋光异构专一性和几何异构专一性。前者指的是酶只作用于底物的其中一种旋光异构体，例如 L-氨基酸氧化酶只能催化 L-氨基酸的氧化，对 D-氨基酸的氧化不起作用。后者指的是酶只作用于底物的其中一种几何异构体，例如琥珀酸脱氢酶催化琥珀酸脱氢只能产生反丁烯二酸，而不能产生顺丁烯二酸。

酶的立体异构专一性还表现在它能够区分假手性 C 上的两个等同基团。它只能催化其中的一个，而对另一个不起作用。例如，猪肝酯酶和猪胰脂肪酶只能各自催化一个酯键的水解。

酶催化作用专一性假说

1. 锁与钥匙模型

该模型把酶比作锁，把酶的活性中心比作锁眼，把底物比作钥匙，那么酶活性中心和底物在形状上是互补的。该模型较好地解释了立体专一性，但不能解释酶专一性中所有的现象，例如酶不但能催化正反应，而且能催化逆反应；酶的结构不可能既适合底物又适合产物。解释了酶的专一性，但不能解释可逆反应。

2. 诱导契合模型

诱导契合模型认为，酶分子不是完全刚性结构，而具有一定的柔性，当酶与底物分子接近时，酶受底物分子诱导，构象发生有利于与底物结合的变化，酶与底物在此基础上互补契合，进行反应。这种构象的变化，不仅使得酶能更好地结合底物（有点像戴手套时手套在手的"诱导"下所发生的变化），还能使酶的活性中心的催化基团处于合适的位置，而能更好地行使催化。该模型解释了可逆反应，但没有解释酶如何催化化学反应进行。

3. 三点附着模型

对于酶为什么能够区分一对对映异构体，或者一个假手性 C 上两个看似相同的基团，需要用酶与底物的三点附着模型进行解释。该模型认为，底物在酶的活性中心的结合有三个结合点，只有当这三个结合点都匹配的时候，酶才会催化相应的反应。一对对映异构体底物虽然基团相同，但空间排列不同，这就可能出现其中一种与酶结合的时候，无法保证三个结合点都互补匹配，酶也就不能作用于它。

三点附着模型不但可用来解释酶的立体专一性，而且可以解释其他非酶蛋白质作用的立体专一性。例如，脑细胞中的一种氨基酸受体只能与 L-氨基酸结合，而对 D-氨基酸没有作用。

（3）酶的不稳定性（反应条件温和）。酶促反应一般要求在常温、常压、中性酸碱度等温和的条件下进行。因为酶是蛋白质，在高温、强酸、强碱等环境中容易失去活性。由于酶对外界环境的变化比较敏感，容易变性失活，因此在应用时，必须严格控制反应条件。

（4）酶活性的可调控性。与化学催化剂相比，酶催化作用的另一个特征是其催化活性可以自动地调控。生物体为适应环境的变化，保持正常的生命活动，在漫长的进化过程中，形成了自动调控酶活性的系统。酶的调控方式很多，包括抑制剂调节、反馈调节、共价修饰调节、酶原激活及激素控制等。

3. 酶的命名

根据酶催化反应的类型，国际酶学委员会把酶分为七大类：依次为氧化还原酶类（oxido-reductases）、转移酶类（transferases）、水解酶类（hydrolases）、裂合酶类（lyases）、异构酶类（isomerases）、连接酶类（ligases）或合成酶类（synthetases）和转位酶（translocases）。按照国际系统命名法原则，每一种酶都有一个系统名称和一个习惯名称。

4. 酶的活力测定和分离纯化

（1）酶活力。是指酶催化某一化学反应的能力，其大小可用在一定条件下酶催化某一反应的速率表示，酶活力与反应速率呈线性关系。反应速率越大，活力越高，反之也成立。

（2）酶的活力单位。国际酶学委员会标准单位：在特定条件下，1 min 内能转化 1 μmol 底物的酶量，称一个国际单位（IU）。特定条件：25 ℃，pH 及底物浓度采用最适条件（有时底物分子质量不确定时，可用转化底物中 1 μmol 的有关基团的酶量表示）。

（3）酶的比活力。每毫克酶蛋白所具有的酶活力。酶的比活力是分析酶的纯度的重要指标。单位：U/mg。有时用每克酶制剂或每毫升酶制剂含有多少个活力单位表示。

（4）酶活力的测定方法。测定酶活力主要是测定产物增加量或底物减少量。最常用的方法有分光光度法、荧光法、同位素测定法、电化学法等。

① 分离纯化方法同蛋白质纯化类似，但有特殊性：即全部操作在低温下（0～4 ℃）进行；不能剧烈搅拌；在提纯溶剂中加一些保护剂；在分离提纯过程中要不断测定酶活力和蛋白质浓度，从而求得比活力，还要计算总活力和回收率（得率）。

② 判断分离提纯方法的好坏，一般用两个指标来衡量：一是总活力的回收——得率（回收率），表示提纯过程中酶的损失情况；二是比活力提高的倍数，表示提纯方法的有效程度。

5. 酶的化学元素本质及其组成

按照化学组成，酶可分为单纯酶（simple enzyme）和结合酶（conjugated enzyme）。单纯酶（如核糖核酸酶和胃蛋白酶）是指酶中只含有蛋白质，不含其他成分。结合酶（如转氨酶、细胞色素氧化酶和乳酸脱氢酶）是指酶中除了蛋白质外，还含有一些非蛋白质成分。结合酶中的蛋白质称为酶蛋白（apoenzyme），非蛋白质成分称为辅助因子（cofactor）。酶蛋白和辅助因子本身无催化活性，只有完整结合形成全酶（holoenzyme）后，才具有活性。在催化反应中，酶蛋白和辅助因子所起的作用是不同的，酶催化反应的专一性取决于酶蛋白，而辅助因子对电子、原子或某些化学基团起传递作用。辅助因子包括金属离子和有机小分子化合物，如乙醇脱氢酶需要 Zn^{2+}、丙酮酸脱氢酶需要硫胺素焦磷酸。根据辅助因子与酶蛋白结合的不同牢固程度，将辅助因子分为辅酶（coenzyme）和辅基（prosthetic group）。通常把与酶蛋白结合比较松弛的，用透析法或超滤法可以除去的小分子有机物称为辅酶；把与酶蛋白结合比较紧密的，用透析法不易除去的小分子物质称为辅基。辅酶和辅基并无严格的界限。

6. 酶的分子结构

（1）单体酶。只有一条多肽链的酶称为单体酶，它们不能解离为更小的单位。其相对分子质量为 13 000～35 000。属于这类酶的数量不多，而且大多是促进底物发生水解反应的酶，即水解酶，如溶菌酶、蛋白酶及核糖核酸酶等。

（2）寡聚酶。由几个或多个亚基组成的酶称为寡聚酶。寡聚酶中的亚基可以是相同的，也可以是不同的。亚基间以非共价键结合，容易为酸、碱、高浓度的盐或其他的变性剂分离。如磷酸化酶 a、乳酸脱氢酶等。

（3）多酶体系。由几个酶彼此嵌合形成的复合体称为多酶体系。多酶体系有利于细胞中一系列反应的连续进行，以提高酶的催化效率，同时便于机体对酶的调控。多酶体系的相对分子质量都在几百万以上。如丙酮酸脱氢酶系和脂肪酸合成酶复合体都是多酶体系。

7. 维生素与辅酶

（1）维生素的概念、分类。维生素是参与生物生长发育和代谢所必需的一类微量有机物质，包括水溶性和脂溶性两大类，绝大多数是作为酶的辅酶或辅基的组成成分在代谢过程中起作用。

（2）水溶性维生素。

① 维生素 B_1（硫胺素）：活性形式为硫胺素焦硫酸（TPP），是丙酮酸脱氢酶、α-酮戊二酸脱氢酶以及转酮酶的辅酶。缺乏病有脚气病、末梢神经炎等。

② 维生素 B_2（核黄素）：活性形式为黄素单核苷酸（FMN）和黄素腺嘌呤二核苷酸（FAD），是体内脱氢酶（如琥珀酸脱氢酶）的辅基。缺乏病有皮炎、口角炎等。

③ 维生素 PP（烟酸和烟酰胺）：活性形式为尼克酰胺腺嘌呤二核苷酸（NAD^+）和尼克酰胺腺嘌呤二核苷酸磷酸（$NADP^+$），是体内许多脱氢酶的辅酶。缺乏病有皮炎、腹泻、痴呆。

④ 泛酸（遍多酸）：活性形式为辅酶 A（CoA-SH），在体内的作用是转乙酰基。缺乏病为神经机能异常，极少见。

⑤ 叶酸：活性形式为四氢叶酸（THFA），主要的生理功能是传递"一碳单位"。缺乏病为巨幼红细胞贫血。

⑥ 生物素：酵母菌的生长因子，在体内传递二氧化碳，是羧化酶的辅酶。

⑦ 维生素 B_6（吡哆醛）：活性形式为磷酸吡哆醛和磷酸吡多胺，是转氨酶的辅酶。

⑧ 维生素 B_{12}（钴胺素）：活性形式为甲基钴胺素和 $5'$-脱氧腺苷钴胺素，是变位酶（如甲基丙二酸单酰 CoA）的辅酶，可防止恶性贫血。缺乏病为恶性贫血。

⑨ 维生素 C（抗坏血酸）：具有抗氧化的作用。还原氧化型的谷胱甘肽和

高铁血红蛋白，促进铁的吸收，保护维生素 A 和 B 族维生素免遭氧化，参与多种羟化反应，还可改善变态反应，增强免疫功能。缺乏病为坏血病。

⑩ 硫辛酸：其还原形式为二氢硫辛酸，两者相互转换传递氢。硫辛酰胺可作为辅酶，在丙酮酸脱氢酶复合体和 α-酮戊二酸脱氢酶复合体中，催化酰基的产生和转移，兼具脂溶性与水溶性的特性。

（3）脂溶性维生素。

① 维生素 A：

生理功能：A. β-胡萝卜素可作为抗氧化剂捕捉自由基；B. 11-顺视黄醛构成视觉细胞内的感光物质；C. 维生素 A 酯参与糖蛋白合成；D. 视黄醇和视黄醛具有类固醇激素作用，影响细胞分化，促进机体生长和发育；E. 增强机体抵抗力。

缺乏病：夜盲症、眼干燥症、皮肤干燥和毛囊丘疹等。

② 维生素 D：最主要的是维生素 D_2 和维生素 D_3 两种。分别由麦角固醇和 7-脱氢胆固醇经紫外线照射转变而成。在体内有促进钙、磷吸收的作用。

缺乏病：佝偻病、软骨病、骨质疏松。

③ 维生素 E：又名生育酚。

生理功能：A. 与生殖功能有关；B. 有抗氧化作用；C. 促进血红素合成。

缺乏病：轻度溶血性贫血。

临床：治疗先兆流产及习惯性流产。

④ 维生素 K：化学名称为 2-甲基-1,4-萘醌，主要功能是促进肝脏合成凝血酶原及凝血因子。

8. 酶活性部位和必需基团

酶是生物大分子，其参与催化反应的部分仅占酶总体积的一小部分（约 $1\%\sim2\%$）。酶分子中直接与底物结合，并和酶催化直接有关的部位，称为酶的活性中心。酶分子上的大多数氨基酸残基并不与底物接触，但它们作为结构支架，有助于稳定活性中心的三维结构。

从功能上看，活性中心有两个功能部位，一是与底物结合的结合部位（binding site），决定酶对底物的专一性；二是催化底物发生键的断裂及新键形成的催化部位（catalytic site），决定酶促反应的类型，即酶的催化性质。对于单纯酶，活性中心由酶分子中一些氨基酸残基侧链上的基团组成。对于需要辅助因子的结合酶，辅酶（或辅基）分子上某一部分结构往往也是活性中心的组成部分。构成酶活性中心的几个氨基酸，虽然在一级结构上并不紧密相邻，可能相距很远，甚至可能在不同的肽链上，但由于肽链的折叠与盘绕使它们在空间结构上彼此靠近，形成具有一定空间结构的位于酶分子表面的呈裂缝状的区域。构成酶的活性中心的氨基酸主要有 Asp、Glu、Ser、His、Cys、Lys 等，它们的侧链上分别含有羧基、羟基、咪唑基、巯基、氨基等极性基团。这些基团若经化学修饰，如氧化、还原、酰化、烷化等，则酶的活性激活或丧失，这些基团就称为必需基团。

第二部分　酶的作用机制

1. 酶的作用在于降低活化能（过渡态稳定学说）

1946 年，Pauling 提出了酶催化的"过渡态稳定"学说，根据过渡态理论（transition state theory），在任何一个化学反应系统中，反应物需要到达一个特定的高能状态以后才能发生反应。这种不稳定的高能状态被称为过渡态（transition state）。过渡态一般在形状上既不同于反应物，又不同于产物，而是介于两者之间的一种不稳定的结构状态，这时候旧的化学键在减弱，新的化学键开始形成。过渡态存留的时间极短，只有 $10^{-14} \sim 10^{-13}$ s。要达到过渡态，反应物必须具有足够的能量以克服势能障碍，即活化能（activation energy）。酶之所以能够催化反应，是因为它能降低反应的活化能，实际上，活化能的小幅度下降可导致反应速率大幅度提升。

2. 酶促反应机制

（1）临近与定向效应。临近与定向效应是酶把底物分子（一种或两种）从溶液中富集出来，使它们固定在活性中心附近，反应基团相互邻近，同时使反应基团的分子轨道以正确方位相互交叠，彼此靠近并有一定的取向。这样就大大提高了活性部位上底物的有效浓度，使分子间的反应变成了一个近似于分子内的反应，从而大大增加了中间产物 ES 形成过渡态的概率。此外，除了底物发生形变以外，酶本身也可能发生形变，从而导致活性中心的某些直接参与催化的氨基酸残基被激活。

（2）底物分子形变或扭曲。底物形变是诱导契合产生的主要效应。酶对底物的诱导导致酶的活性中心与过渡态的亲和力高于它与底物的亲和力，当酶与底物相遇时，酶分子诱导底物分子内敏感键更加敏感，产生"电子张力"发生形变，从而更接近它的过渡态，由此降低了反应的活化能并有利于催化反应的发生。然而，事实上形变诱发更多的是对基态底物的去稳定效应，而不是对过渡态的稳定效应。

（3）广义酸碱催化。指通过瞬间向反应物提供质子或从反应物接受质子以稳定过渡态，加速反应的一类催化机制。酶的活性中心可以提供质子或接受质子而起广义酸碱催化作用的功能基团有：谷氨酸、天冬氨酸侧链上的羧基，丝氨酸、酪氨酸的羟基，半胱氨酸的巯基，赖氨酸侧链上的氨基，精氨酸的胍基和组氨酸的咪唑基。其中组氨酸的咪唑基值得特别注意，因为它既是一个很强的亲核基团，又是一个有效的广义酸碱功能基团。影响酸碱催化反应速度的因素有两个，酸碱的强度和功能基团供出质子或接受质子的速率。

（4）共价催化。酶作为亲核基团或亲电基团，与底物形成一个反应活性很高的共价中间物，此中间物易变成过渡态，反应活化能大大降低，从而提高反应速率。根据活性中心处极性基团对底物进攻的不同方式，共价催化可分为亲电催化（electrophilic catalysis）与亲核催化（nucleophilic catalysis）两种。较常见的是活性中心处的亲核基团对底物的亲核进攻。活性中心处的亲核基团有丝氨酸的羟基、半胱氨酸的巯基、组氨酸的咪唑基等。此外，辅酶中还含有另一些亲核中心。以硫胺素为辅酶的一些酶如丙酮酸脱羧酶、含辅酶 A 的一些脂肪降解酶、含巯基的木瓜蛋白酶、以丝氨酸为催化基团的蛋白水解酶等，都有亲核催化的机制。同理，亲电催化则是亲电基团对底物亲电进攻而引起的催化作用，如转氨酶的辅基磷酸吡哆醛。

（5）金属催化。金属离子参与的催化被称为金属催化。金属离子以 5 种方式参与催化：①作为路易斯酸（Lewis acid）接受电子，使亲核基团或亲核分子（如水）的亲核性更强；②与带负电荷的底物结合，屏蔽负电荷，促进底物在反应中正确定向；③参与静电催化，稳定带有负电荷的过渡态；④通过价态的可逆变化，作为电子受体或电子供体参与氧化还原反应；⑤本身是酶结构的一部分。

（6）静电催化。对于很多酶而言，活性中心电荷的分布可用来稳定酶促反应的过渡态。酶使用自身带电基团（有时是带部分电荷的基团），去中和一个反应过渡态形成时所产生的相反电荷而进行的催化，被称为静电催化。

第三部分　酶促反应动力学

1. 底物浓度对酶促反应速率的影响

（1）底物浓度与酶促反应的关系曲线。一般来说，在其因素不变的情况下，底物浓度对酶促反应速率的影响呈双曲线，具体来说：

① 当底物浓度（[S]）很低时，反应速率（v）随 [S] 增高而成直线比例上升。

② 当 [S] 继续增高时，v 也增高，但不成比例。

③ 当 [S] 达到一定高度时，v 不再随 [S] 增高而增高，反应达到最大速率（v_{max}）。

（2）中间产物学说。在催化底物发生变化之前，酶（E）首先与底物（S）结合成一个不稳定的中间产物 ES（也称为中间络合物）。由于 S 与 E 的结合导致底物分子内的某些化学键发生不同程度的变化，呈不稳定状态，也就是其活化状态，使反应的活化能降低。然后，经过原子间的重新键合，中间产物 ES 便转变为酶与产物。

（3）米氏方程。1913 年 Michaelis 和 Menten 提出反应速率与底物浓度关系的数学方程式，即米-曼氏方程，简称米氏方程（Michaelis equation）：

$$v = \frac{v_{\max} \cdot [\mathrm{S}]}{K_{\mathrm{m}} + [\mathrm{S}]}$$

式中，$v_{\max}$ 为最大反应速率；$[\mathrm{S}]$ 为底物浓度；K_{m} 为米氏常数。

（4）K_{m} 的意义。

① 当 $v = 1/2 v_{\max}$ 时，$K_{\mathrm{m}} = [\mathrm{S}]$，即 K_{m} 为反应速率达到最大速率一半时的 $[\mathrm{S}]$。K_{m} 为酶的特征性常数，单位一般为（m）mol/L。不同酶有不同的值，同一酶催化不同底物则有不同的 K_{m} 值，可借 K_{m} 值鉴别之。

② 当 $[\mathrm{S}] \gg K_{\mathrm{m}}$ 时，米氏方程分母中的 K_{m} 可忽略不计，此时反应速率达到最大速率 $v_{\max}$。

③ 当 $[\mathrm{S}] \ll K_{\mathrm{m}}$ 时，米氏方程分母中 $[\mathrm{S}]$ 忽略不计，此时 v 与 $[\mathrm{S}]$ 成正比。

④ K_{m} 值大小反映酶与底物亲和力的大小。K_{m} 小表明酶对底物亲和力大；K_{m} 大则表明酶与底物亲和力小。K_{m} 最小的底物称为酶的最适底物。

⑤ 由 K_{m} 的大小可以知道正确测定酶活力时所需的底物浓度。

⑥ K_{m} 可以帮助推断某一代谢物在体内可能的代谢途径。

（5）$v_{\max}$ 的意义。根据米氏方程推导过程，$v_0 = K_{\mathrm{m}}[\mathrm{ES}]$，$v_{\max}$ 不是酶的特征性常数。根据稳态分析，$[\mathrm{ES}]$ 不随时间变化，当 $[\mathrm{S}] \gg K_{\mathrm{m}}$ 时，所有的酶全部转换为 ES，此时酶催化反应达到其最大速率。因此稳态分析可以给出 $v_{\max}$。

在特定的酶浓度下以及特定的反应中，$v_{\max}$ 也是一种酶的特征性常数，然而，在现实的条件下，一个酶促反应很难达到或者根本就达不到此值。随着底物浓度的增加，v 只能接近此值。如果一个酶促反应的酶浓度发生变化，$v_{\max}$ 会随之发生改变。因此严格地说，一个酶促反应的 $v_{\max}$ 只有在酶浓度固定为一个值的时候，才是一个常数。对于大多数酶来说，反应速率随着底物浓度的升高而加快。实际上不管添加多少底物，酶反应速率从来不会停止增长，只是增长的幅度越来越小。理论上只有当底物浓度达到无穷大的时候，反应速率才会达到最大值。这就意味着 $v_{\max}$ 从来不能被直接测定到，只能通过估算得到。在某些情况下，能得到的最大反应速率实际上远远低于真实的 $v_{\max}$ 值，这可能是因为底物的溶解性不好，难以提供很高的底物浓度，也可能是某些酶的活性会被高浓度的底物抑制。

（6）K_{cat} 和 $K_{\mathrm{cat}}/K_{\mathrm{m}}$。$K_{\mathrm{cat}}$ 即酶的催化常数（catalytic constant，K_{cat}），也就是一种酶的转换数（turnover number），具体是指酶被底物饱和时，每秒钟每个酶分子转换底物的分子数。K_{cat} 可用来衡量一种酶的催化效率。当 ES 复合物快速解离时，大多数酶对其天然底物的转换数的变化范围为 $1 \sim 10 \ \mathrm{s}^{-1}$。

（7）v_{max} 和 K_m 的求法。双倒数作图法是求 K_m 和 v_{max} 最常用的作图法。它将米氏方程作倒数处理，得下式：$\dfrac{1}{v}=\dfrac{K_m}{v_{max}\cdot[S]}+\dfrac{1}{v_{max}}$

以 $1/v$ 对 $1/[S]$ 作图，可得一直线，从纵轴处的截距 $1/v_{max}$ 及横轴上的截距 $-1/K_m$，可准确求得 K_m 值和 v_{max}。

米氏方程（推导米氏方程时用的是单底物），适用于单底物酶促反应，不适用于多底物反应。

2. 酶浓度的影响及应用

如果底物浓度足够大（$[S]\gg[E]$），使酶饱和，则反应速率与酶浓度成正比。

3. pH 的影响与应用、最适 pH

① pH 影响酶蛋白构象，过酸或过碱会使酶变性。

② pH 影响酶和底物分子解离状态，尤其是酶活性中心的解离状态，最终影响 ES 形成。

③ pH 影响酶和底物分子中另一些基团解离，这些基团的离子化状态影响酶的专一性及活性中心构象。

需明确最适 pH 不是酶的特征性常数，而且并不是所有的最适 pH 都近中性，如胃蛋白酶的最适 pH 为 1.5，精氨酸酶的最适 pH 为 9.8。

4. 温度的影响与应用、最适温度

温度对酶促反应的影响有如下几个特点：

① 从低温开始，随温度增加，反应速率加大。

② 达到一定温度，反应速率达到最大，此温度为酶的最适温度。动物酶的最适温度一般为 37～40 ℃，最适温度不是酶的特征性常数。

③ 当温度继续升高，酶蛋白变性增加，反应速率开始下降。

④ 酶活性随温度降低而降低，但低温一般不使酶破坏。

⑤ 若酶促反应进行时间短暂，其最适温度可相应提高。

5. 酶的抑制作用

凡可使酶蛋白变性而引起酶活力丧失的作用称为酶的失活作用（inactivation）。使酶活力下降但并不引起酶蛋白变性的作用称为抑制作用（inhibition）。抑制作用包括不可逆抑制（irreversible inhibition）和可逆抑制（reversible inhibition）。某些物质不引起酶蛋白变性，但能使酶分子上某些必需基团（活性中心上一些基团）发生变化，引起酶活性下降，甚至丧失，此类物质称为酶的抑制剂（inhibitor）。

（1）不可逆抑制作用。不可逆抑制剂与酶活性中心基团一般为共价结合，使酶的活性下降，无法用透析法将其除去。此类抑制剂包括基团特异性抑制剂、底物类似物抑制剂、过渡态类似物抑制剂和自杀型抑制剂。

（2）可逆抑制作用。此类抑制剂与酶蛋白的结合是可逆的，可以用透析法除去抑制剂，恢复酶的活性。它们包括竞争性抑制剂、非竞争性抑制剂和反竞争性抑制剂。

① 竞争性抑制：抑制剂与底物的结构相似，能与底物竞争酶的活性中心，从而阻碍 ES 复合物的形成，使酶的活性降低。这种抑制作用称为竞争性抑制作用。对于竞争性抑制作用，v_{max} 不变，K_m 变大。竞争性抑制剂对酶促反应的抑制程度，决定于 [I]、[S]、K_m 和 K_i。[I] 一定，增加 [S]，可减少抑制程度。[S] 一定，增加 [I]，可增加抑制程度。K_i 值较低时，任何给定 [I] 和 [S]，抑制程度都较大，K_i 越大，抑制作用越小。[I]＝K_i 时，所作双倒数图直线的斜率加倍。在一定 [S]、[I] 下，K_m 值愈低，抑制程度愈小。

② 非竞争性抑制：有些抑制剂不影响底物和酶结合，即抑制剂与酶活性中心外的必需基团结合，抑制剂既与 E 结合，也与 ES 结合，但生成的 ESI 复合物是死端复合物，不能释放出产物，这种抑制称为非竞争性抑制作用。非竞争性抑制剂多是与酶活性中心之外的巯基可逆结合，包括某些含金属离子（Cu^{2+}、Hg^{2+}、Ag^+）的化合物和 EDTA 等。典型的非竞争性抑制剂不影响酶与底物的亲和力，不改变酶的 K_m。但这样的非竞争性抑制剂较为少见，更多的是会降低酶与底物的亲和力，从而导致 K_m 升高。鉴于后者同时具有竞争性和非竞争性的部分性质，这样的非竞争性抑制剂又称为混合型抑制剂（mixed inhibitors）。

不论是典型的非竞争性抑制剂，还是混合型抑制剂，它们在任何底物浓度下都有抑制作用，因此都会降低 v_{max}。

③ 反竞争性抑制：此类抑制剂只与 ES 复合物结合生成 ESI 复合物，使中间产物 ES 量下降，而不与游离酶结合，称为反竞争性抑制。反竞争性抑制剂的存在能降低酶的表观 K_m 和 v_{max}。

6. 激活剂的影响

凡能使酶由无活性变为有活性或使酶活性提高的物质称为激活剂（activator）。

（1）无机离子的激活作用。许多金属离子是酶的辅助因子，是酶的组成成分，参与催化反应中的电子传递。有些金属离子可与酶分子肽链上侧链基团结合，稳定酶分子的活性构象。有的金属离子通过生成螯合物，在酶与底物结合中起桥梁作用。注意：无机离子的激活作用具有选择性，不同的离子激活不同的酶；不同离子之间有拮抗作用，如 Na^+ 与 Mg^{2+}、Ca^{2+}，但 Mg^{2+} 与 Mn^{2+} 常可替代；激活剂的浓度要适中（$1 \sim 50 \, mol/L$），过高往往有抑制作用。

（2）简单有机分子的激活作用。还原剂（如 Cys、还原型谷胱甘肽）能激活某些活性中心含有—SH 的酶；金属螯合剂（EDTA）能去除酶中重金属离子，解除抑制作用。

第四部分　酶活性调节

酶活性的调节主要有两种手段，一种是通过改变酶浓度，即以"量变"的方式进行；另一种通过改变已有的酶的活性，即以"质变"的方式进行。

酶"质变"的方式有：变构调节、共价修饰、水解激活、调节蛋白的结合和解离以及单体的聚合和解离。

酶"量变"的方式有两种：一种是通过同工酶（isozyme）；另外一种是通过控制酶基因的表达和酶分子的降解。

1. 变构调节

一些代谢物可与某些酶分子活性中心外的某部分可逆地结合，使酶构象改变，从而改变酶的催化活性，此种调节方式称变构调节。变构（别构）酶除了含有活性中心以外，还有别构中心。这是变构（别构）酶名称的由来，也是判断一种酶是不是变构（别构）酶的主要标准。别构中心是底物以外的分子结合的位点，这些分子被统称为别构效应物（allosteric effector）。其中起激活酶活性作用的物质称为别构激活剂（allosteric activator），相反，起抑制作用的称为别构抑制剂。通过别构效应物调节酶活性是细胞代谢调控的重要手段之一。而别构效应物的存在可以改变一个典型的对底物呈正协同性变构（别构）酶的动力学行为。

变构（别构）酶的性质包括：①变构（别构）酶一般都是寡聚酶，含有两个或两个以上亚基。②具有活性中心和别构中心，活性中心负责底物结合和催化，别构中心负责调节酶反应速率。活性中心和别构中心处在不同的亚基上或同一亚基的不同部位上。③多数变构（别构）酶不止一个活性中心，活性中心间有同种效应，底物就是调节物。有的变构（别构）酶不止一个别构中心，可以接受不同代谢物的调节。④变构（别构）酶不遵循米氏方程，动力学曲线也不是典型的双曲线形。变构（别构）酶的反应速率对底物浓度作图，即 v 对 [S] 的作图不服从米氏方程，所得曲线一般不是双曲线。许多变构（别构）酶的 v 对 [S] 作用呈 S 形曲线。这种 S 形曲线表明了结合 1 分子底物（或效应物）后，酶的构象发生了变化，这种新的构象非常有利于后续分子与酶的结合，大大促进酶对后续底物分子（或效应物）的亲和性，即产生了正协同效应。因此当底物浓度发生较小的变化时，变构（别构）酶就可大幅度地控制反应速率，这也是变构（别构）酶可以灵敏地调节反应速率的原因。⑤对竞争性抑制的作用表现双相应答（biphasic response），除了变构（别构）抑制剂以外，变构（别构）酶还可能像其他非变构（别构）酶一样受到竞争性抑制剂的作用，典型的竞争性抑制剂是通过模拟底物的化学结构起作用的。但对于一个具有正底物协同性的变构（别构）酶来说，如果一种竞争性抑制剂在结构上与其底物过分相似，这种抑制剂就可以像底物一样诱发正协同效应的发生。在这样的情况下，低浓度的竞争性抑制剂能够提高酶与底物的结合能力，反而可以提高反应速率（似乎作为激活剂）；而高浓度的抑制剂则以通常的方式减慢反应速率。这样的竞争性抑制剂对变构（别构）酶活性的双面影响称为双相应答。⑥与非变构（别构）酶相比，变构（别构）酶占少数。

2. 酶原激活

酶原：有些酶在细胞内合成或初分泌时只是酶的无活性前体，此前体物质称为酶原。

酶原的启动：在一定条件下，酶原向有活性酶转化的过程。

酶原启动机制：形成或暴露出酶的活性中心。

酶原启动的意义：避免细胞产生的酶对细胞进行自身消化，并使酶在特定的部位和环境中发挥作用，保证体内代谢正常进行。有的酶原可以视为酶的储存形式。在需要时，酶原适时地转变成有活性的酶，发挥其催化作用。

3. 酶的共价修饰调节

酶的共价修饰调节是指酶活性因其分子内的某些氨基酸残基发生共价修饰而发生变化的过程。这是由修饰酶（modifying enzyme）和去修饰酶（demodifying enzyme）共同构成的一种可逆的环式调节系统。由修饰酶催化的共价修饰的方式有磷酸化、腺苷酸化、尿苷酸化、ADP-核糖基化、甲基化和形成二硫键。其中磷酸化是最为常见的形式，主要发生在真核细胞中。腺苷酸化和尿苷酸化很少见，仅发现于细菌中。形成二硫键见于植物。如果是磷酸化，则修饰酶是蛋白质激酶，去修饰酶是蛋白磷酸酶。

4. 同工酶

同工酶是指有机体内能够催化同一种化学反应，但其酶蛋白本身的分子结构组成却有所不同（v_{max}和/或K_m不同）的一组酶。它们可能以不同的量出现在同一种动物不同的组织或器官，也可能出现在同一个细胞但位于不同的细胞器。同工酶之间在不同组织或不同亚细胞空间内的相对丰度具有差别，或者一种同工酶只能在某种特定的细胞中表达，可允许细胞根据细胞内特定的生理状况而对酶活性进行调节。例如，高等动物的乳酸脱氢酶（lactate dehydrogenase，LDH）有M_4、M_3H、M_2H_2、MH_3和H_4五种形式。M_4由4个M亚基组成。骨骼肌细胞中的M_4-LDH对丙酮酸的K_m比对乳酸的低，由于骨骼肌容易缺氧，因此LDH在肌肉细胞内的主要功能是促进乳酸的形成，以使糖酵解能够正常地进行；而心肌细胞是不允许缺氧的，其内的H_4-LDH对乳酸的K_m更低，因此心脏的LDH的主要功能是促进乳酸在心肌细胞内的分解。

![知识巩固]

一、单项选择题

1. 酶反应速率对底物浓度作图，当底物浓度达到一定程度时，得到的是零级反应，对此最恰当的解释是（　　）

　　A. 形变底物与酶产生不可逆结合

　　B. 酶与未形变底物形成复合物

　　C. 酶的活性部位为底物所饱和

　　D. 过多底物与酶发生不利于催化反应的结合

2. 米氏常数 K_m 可以用来度量（　　）

　　A. 酶和底物亲和力的大小　　　　　B. 酶促反应速率的大小

　　C. 酶被底物饱和的程度　　　　　　D. 酶的稳定性

3. 酶催化的反应与无催化剂的反应相比，在于酶能够（　　）

　　A. 提高反应所需活化能　　　　　　B. 降低反应所需活化能

　　C. 仅提高正向反应速率　　　　　　D. 仅提高逆向反应速率

4. 辅酶与酶的结合比辅基与酶的结合更为（　　）

　　A. 紧密　　　　　　　　　　　　　B. 松散

　　C. 专一　　　　　　　　　　　　　D. 不能用透析法除去

5. 下列关于辅基的叙述正确的是（　　）

　　A. 是一种结合蛋白质

　　B. 只决定酶的专一性，不参与化学基团的传递

　　C. 与酶蛋白的结合比较疏松

　　D. 一般不能用透析法和超滤法与酶蛋白分开

6. 酶促反应中决定酶专一性的部分是（　　）

　　A. 酶蛋白　　　　B. 底物　　　　C. 辅酶或辅基　　　　D. 催化基团

7. 下列关于酶的国际单位的论述正确的是（　　）

　　A. 一个 IU 是指在最适条件下，每分钟催化 $1\ \mu mol$ 底物转化所需的酶量

　　B. 一个 IU 是指在最适条件下，每秒钟催化 $1\ \mu mol$ 产物生成所需的酶量

　　C. 一个 IU 是指在最适条件下，每分钟催化 $1\ mol$ 底物转化所需的酶量

　　D. 一个 IU 是指在最适条件下，每秒钟催化 $1\ mol$ 底物转化所需的酶量

8. 全酶是指（　　）

　　A. 酶的辅助因子以外的部分

　　B. 酶的无活性前体

　　C. 一种酶-抑制剂复合物

　　D. 一种需要辅助因子的酶，具备了酶蛋白、辅助因子各种成分

9. 根据米氏方程，$[S]$ 与 K_m 之间的关系说法不正确的是（　　）

　　A. 当 $[S] \ll K_m$ 时，v 与 $[S]$ 成正比

　　B. 当 $[S] = K_m$ 时，$v = 1/2\, v_{max}$

　　C. 当 $[S] \gg K_m$ 时，反应速率与底物浓度无关

　　D. 当 $[S] = 2/3 K_m$ 时，$v = 25\% v_{max}$

10. 已知某酶的 K_m 值为 0.05 mol/L，要使此酶所催化的反应速率达到最大反应速率的 80% 时底物的浓度应为（　　）

　　A. 0.2 mol/L　　　　　　　　B. 0.4 mol/L

　　C. 0.1 mol/L　　　　　　　　D. 0.05 mol/L

11. 某酶有 4 种底物（S），其 K_m 值如下，该酶的最适底物为（　　）

　　A. S1：$K_m = 5 \times 10^{-5}$ mol/L　　B. S2：$K_m = 1 \times 10^{-5}$ mol/L

　　C. S3：$K_m = 10 \times 10^{-5}$ mol/L　　D. S4：$K_m = 0.1 \times 10^{-5}$ mol/L

12. 酶促反应速率为其最大反应速率的 80% 时，K_m 等于（　　）

　　A. $[S]$　　　　B. $1/2\,[S]$　　　　C. $1/4\,[S]$　　　　D. $0.4\,[S]$

13. 下列关于酶特性的叙述错误的是（　　）

　　A. 催化效率高　　　　　　　　B. 专一性强

　　C. 作用条件温和　　　　　　　D. 都有辅因子参与催化反应

14. 酶的非竞争性抑制剂对酶促反应的影响是（　　）

　　A. v_{max} 不变，K_m 增大　　　　B. v_{max} 不变，K_m 减小

　　C. v_{max} 增大，K_m 不变　　　　D. v_{max} 减小，K_m 不变

15. 变构酶是一种（　　）

　　A. 单体酶　　　　　　　　　　B. 寡聚酶

　　C. 多酶复合体　　　　　　　　D. 米氏酶

16. 具有生物催化剂特征的核酶其化学本质是（　　）

　　A. 蛋白质　　　B. RNA　　　C. DNA　　　D. 糖蛋白

17. 下列关于酶活性中心的叙述正确的是（　　）

　　A. 所有酶都有活性中心

　　B. 所有酶的活性中心都含有辅酶

　　C. 酶的活性中心都含有金属离子

　　D. 所有抑制剂都作用于酶活性中心

18. 乳酸脱氢酶（LDH）是一个由两种不同的亚基组成的四聚体。假定这些亚基随机结合成酶，这种酶有几种同工酶（　　　）

    A. 2 种　　　　　　　B. 3 种　　　　　　C. 4 种　　　　　　D. 5 种

19. 丙二酸对琥珀酸脱氢酶的抑制作用，按抑制类型应属于（　　　）

    A. 反馈抑制　　　　　　　　　　　B. 非竞争性抑制

    C. 竞争性抑制　　　　　　　　　　D. 底物抑制

20. 酶的竞争性抑制剂可以使（　　　）

    A. v_{max} 减少，K_m 减小　　　　　　B. v_{max} 不变，K_m 增加

    C. v_{max} 不变，K_m 减小　　　　　　D. v_{max} 减小，K_m 增加

21. 酶原是酶的（　　　）

    A. 有活性前体　　　　　　　　　　B. 无活性前体

    C. 提高活性前体　　　　　　　　　D. 降低活性前体

22. 下列关于酶的叙述，正确的是（　　　）

    A. 能改变反应的 ΔG，加速反应进行

    B. 改变反应的平衡常数

    C. 降低反应的活化能

    D. 与一般催化剂相比，专一性更高，效率相同

23. 酶的活性中心是指（　　　）

    A. 酶分子上含有必需基团的肽段

    B. 酶分子与底物结合的部位

    C. 酶分子与辅酶结合的部位

    D. 酶分子发挥催化作用的关键性结构区

24. 竞争性可逆抑制剂抑制程度与下列哪种因素无关（　　　）

    A. 作用时间　　　　　　　　　　　B. 抑制剂浓度

    C. 底物浓度　　　　　　　　　　　D. 酶与抑制剂的亲和力的大小

25. 哪一种情况可用增加［S］的方法减轻抑制程度（　　　）

    A. 不可逆抑制作用　　　　　　　　B. 竞争性可逆抑制作用

    C. 非竞争性可逆抑制作用　　　　　D. 反竞争性可逆抑制作用

26. 下列常见抑制剂中，除哪个外都是不可逆抑制剂（　　　）

    A. 有机磷化合物　　　　　　　　　B. 有机汞化合物

    C. 有机砷化合物　　　　　　　　　D. 磺胺类药物

27. 下列辅酶中的哪个不是来自维生素（　　　）

    A. CoA　　　　　　B. CoQ　　　　　　C. PLP　　　　　　D. FH_2

    E. FMN

28. 下列叙述中正确的是（　　　）

A. 所有的辅酶都包含维生素组分

B. 所有的维生素都可以作为辅酶或辅酶的组分

C. 所有的 B 族维生素都可以作为辅酶或辅酶的组分

D. 只有 B 族维生素可以作为辅酶或辅酶的组分

29. 下列化合物中不含环状结构的是 （   ）

A. 叶酸　　　　　B. 泛酸　　　　　C. 烟酸　　　　　D. 生物素

30. 下列化合物中不含腺苷酸组分的是 （   ）

A. CoA　　　　　B. FMN　　　　　C. FAD　　　　　D. NAD$^+$

E. NADP$^+$

31. NAD$^+$ 在酶促反应中转移 （   ）

A. 氨基　　　　　B. 氢原子　　　　C. 氧原子　　　　D. 羧基

32. FAD 或 FMN 中含有 （   ）

A. 尼克酸　　　　B. 核黄素　　　　C. 吡哆醛　　　　D. 吡哆胺

33. 辅酶磷酸吡哆醛的主要功能是 （   ）

A. 传递氢　　　　　　　　　　B. 传递二碳基团

C. 传递一碳基团　　　　　　　D. 传递氨基

34. 生物素是下列哪种酶的辅酶 （   ）

A. 丙酮酸脱氢酶　　　　　　　B. 丙酮酸激酶

C. 丙酮酸脱氢酶系　　　　　　D. 丙酮酸羧化酶

35. 下列能被氨基蝶呤和氨甲蝶呤所拮抗的物质是 （   ）

A. 维生素 B$_6$　　B. 核黄素　　　　C. 叶酸　　　　　D. 泛酸

36. 缺乏哪种维生素可导致夜盲症 （   ）

A. 维生素 A　　　　　　　　　B. 维生素 C

C. 维生素 D　　　　　　　　　D. 维生素 E

37. 多晒太阳可预防 （   ）

A. 夜盲症　　　　B. 佝偻病　　　　C. 坏血病　　　　D. 脚气病

38. 与暗视觉有关的维生素是 （   ）

A. 维生素 A　　　　　　　　　B. B 族维生素

C. 维生素 C　　　　　　　　　D. 维生素 E

39. 能促进肝脏合成凝血酶原及凝血因子的维生素是 （   ）

A. 维生素 K　　　　　　　　　B. 维生素 D

C. 维生素 A　　　　　　　　　D. 维生素 E

40. 得坏血病是缺乏哪种维生素 （   ）

A. 维生素 A　　　　　　　　　B. 维生素 C

C. 维生素 D　　　　　　　　　D. 叶酸

二、填空题

1. 酶是_____产生的，具有催化活性的_____。

2. 酶具有_____、_____、作用条件温和和受调控等催化特点。

3. 与酶催化的高效率有关的因素有：邻近效应、定向效应、诱导应变、_____、_____等。

4. 丙二酸和戊二酸都是琥珀酸脱氢酶的_____抑制剂。

5. 变构（别构）酶的特点不符合一般的米氏方程，当以 v 对 [S] 作图时，它表现出_____形曲线，而非_____曲线。它是_____酶。

6. 全酶由_____和_____组成，在催化反应时，二者所起的作用不同。

7. 辅助因子包括_____和_____。

8. 辅基与酶蛋白结合紧密，需要_____除去，辅酶与酶蛋白结合疏松，可以用_____除去。

9. 根据国际系统分类法，所有的酶按所催化的化学反应的性质可分为六类：_____、_____、_____、_____、_____和_____。

10. 根据酶的专一性程度，酶的专一性可以分为_____、_____和_____。

11. 酶的活性中心包括_____和_____两个功能部位。

12. _____部位直接与底物结合，决定酶的专一性，_____部位是发生化学变化的部位，决定催化反应的性质。

13. 酶活力是指_____，一般用_____表示。

14. 解释变构（别构）酶作用机制的假说有_____模型和_____模型两种。

15. 固定化酶的优点包括_____、_____、_____等。

16. 温度对酶活力影响有以下两方面：一方面_____；另一方面_____。

17. 脲酶只作用于尿素，而不作用于其他任何底物，因此它具有_____专一性；甘油激酶可以催化甘油磷酸化，仅生成甘油-1-磷酸一种底物，因此它具有_____专一性。

18. 酶促动力学的双倒数作图（Lineweaver – Burk 作图法），得到的直线在横轴的截距为_____，在纵轴的截距为_____。

19. 磺胺类药物可以抑制_____（酶），从而抑制细菌生长繁殖。

20. 判断纯化酶方法的优劣的主要依据是酶的 _____ 和_____。

21. 转氨酶的辅因子为_____，即维生素_____。

22. 叶酸以其_____起辅酶的作用，具有作为_____载体的功能。

23. 维生素是维持生物体正常生长所必需的一类_____有机物质，主要作用是作为_____的组分参与体内代谢。

24. 根据维生素的溶解性质，可将维生素分为两类，即_____ 和_____。

25. 维生素 B_1 主要功能是以_____的形式，作为_____ 和_____的辅酶，转移二碳单位。

26. 维生素 B_5 作为各种_____反应的辅酶，传递_____。

27. 维生素 B_3 的辅酶形式是_____与_____，作为_____酶的辅酶，起递氢作用。

28. 生物素是_____的辅酶，在_____的固定中起重要的作用。

29. 维生素 B_{12} 是唯一含_____的维生素。

30. _____缺乏可导致夜盲症；_____缺乏可导致佝偻病。

三、名词解释

1. 米氏常数（K_m 值，Michaelis constant）
2. 底物专一性（substrate specificity）
3. 辅基（prosthetic group）
4. 单体酶（monomer enzyme）
5. 寡聚酶（oligomerase）
6. 多酶体系（multienzyme system）
7. 激活剂（activator）
8. 抑制剂（inhibitor）
9. 变构（别构）酶（allostreic enzyme）
10. 同工酶（isozyme）
11. 诱导酶（inducible enzyme）
12. 酶原（zymogen）
13. 酶的比活力（specific activity of enzyme）
14. 活性中心（active center）
15. 维生素（vitamin）
16. 水溶性维生素（water-soluble vitamin）
17. 脂溶性维生素（fat-soluble vitamin）

四、判断题

1. 抑制剂对酶的抑制作用是通过使酶变性从而导致失活。（　　）

2. 米氏常数只与酶的种类有关，而与酶的浓度无关。（　　）

3. 酶分子中形成活性中心的氨基酸的残基在其一级结构的位置上并不相连，而在空间结构上却处于相近位置。（　　）

4. 如果加入足够的底物，即使存在非竞争性抑制，酶催化反应也能达到正常的 v_{max}。（　　）

5. 酶促反应的初速率与底物浓度无关。（　　）

6. 对于酶的催化活性来说，酶蛋白的一级结构是必需的，而与酶蛋白的构象关系不大。（　　）

7. 固定化酶是指无须提取直接固定在细胞内的酶。（　　）

8. 当底物处于饱和状态时，酶促反应的速率与酶的浓度成正比。（　　）

9. 固定化酶有很多优点，但其很难作用于水不溶性底物。（　　）

10. 对于多酶体系，正调节物一般是变构（别构）酶的底物，负调节物一般是变构（别构）酶的直接产物或代谢序列的最终产物。（　　）

11. 酶和底物的关系比喻为锁和钥匙的关系是很恰当的。（　　）

12. 酶原激活过程实际就是酶活性中心形成或暴露的过程。（　　）

13. 米氏常数（K_m）是与反应系统的酶浓度无关的一个常数。（　　）

14. 本质为蛋白质的酶是生物体内唯一的催化。（　　）

15. 一种酶有几种底物就有几种 K_m 值。（　　）

16. 酶的催化作用具有一定的专一性。（　　）

17. K_m 是酶的特征性常数，只与酶的性质有关，与酶浓度无关。（　　）

18. B 族维生素都可以作为辅酶的组分参与代谢。（　　）

19. 脂溶性维生素都不能作为辅酶参与代谢。（　　）

20. 除了动物外，其他生物包括植物、微生物的生长也有需要维生素的现象。（　　）

21. 维生素 E 不容易被氧化，因此可做抗氧化剂。（　　）

五、简答题

1. 设计一个实验证明唾液淀粉酶是蛋白质（写清实验原理、实验材料、实验步骤和结论）。

2. 简述酶作为生物催化剂与一般化学催化剂的共性及其个性。

3. 对活细胞的实验测定表明，酶的底物浓度通常就在这种底物的 K_m 值附近，请解释其生理意义；为什么底物浓度不是远远高于 K_m 或远远低于 K_m 呢？

4. 为什么在许多酶的活性中心均有 His 残基参与？

5. 将下列化学名称与 B 族维生素及其辅酶形式相匹配。

（A）泛酸；（B）烟酸；（C）叶酸；（D）硫胺素；（E）核黄素；（F）吡哆素。

（1）维生素 B_1；（2）维生素 B_2；（3）维生素 B_3；（4）维生素 B_5；（5）维生素 B_6；（6）维生素 B_{11}。

（Ⅰ）FMN，FAD；（Ⅱ）NAD^+，$NADP^+$；（Ⅲ）CoA；（Ⅳ）PLP，PMP；（Ⅴ）FH_2，FH_4；（Ⅵ）；TPP。

六、论述题

论述影响酶催化作用的因素。

巩固提高

1. 有一种酶（E）作用底物（S）产生产物（P）。化合物 C 是这一种酶的别构激活剂。使用定点突变技术将酶（E）的 Val57 突变成其他几种氨基酸残基。将野生型和变体纯化以后，分别在有 C 和无 C 的条件下测定酶活，活性分析的结果见表：

酶（E）	无 C 时的酶活性（IU）	有 C 时的酶活性（IU）
野生型	10.3	51.4
Val57→Ser57	10.5	30.2
Val57→Glu57	10.2	11.1
Val57→Ala57	10.1	49.5

（1）根据突变体的数据，你认为 Val57 位于别构中心还是活性中心？

（2）根据氨基酸的性质，解释突变如何影响到酶（E）的活性？

2. 酶的活性中心通常具有哪些特征？假如有一种酶含有两个 Cys 残基，其中一个在活性中心，另一个在酶分子表面。你如何设计一个实验将它们区分开来？

3. 在一组 10 mL 的反应体系中，分别加入不同浓度的底物，测定每组酶促反应初速率，得数据如表：

[S]（mol/L）	$5.0×10^{-7}$	$5.0×10^{-6}$	$5.0×10^{-5}$	$5.0×10^{-4}$	$5.0×10^{-3}$	$5.0×10^{-2}$
v（μmol/min）	0.009 6	0.071	0.20	0.25	0.25	0.25

不用作图计算：

（1）该酶的 v_{max} 和 K_m。

（2）计算当 [S]＝$2.0×10^{-6}$ mol/L 或 [S]＝$1.0×10^{-1}$ mol/L 时的酶促反应速率。

（3）计算当 $[S]=2.0\times10^{-3}$ mol/L 时最初 5 min 内的产物总量。

（4）加入每一反应体系中的酶的浓度增加至 4 倍时，v_{max} 和 K_m 分别是多少？

4. 果糖磷酸激酶（phosphofruc-tokinase，PFK）是糖酵解代谢中的限速酶，此酶反应速率对底物果糖-6-磷酸浓度作图的动力学曲线如图中曲线 a 所示，曲线 b 是在反应体系中加入一定浓度 ATP 所得到的动力学曲线，曲线 c 是在 ATP 存在的条件下再加入一定浓度的果糖-2,6-二磷酸（F-2,6-BP），依图回答如下问题：

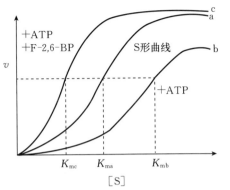

（1）为什么曲线 a 是 S 形曲线？

（2）曲线 b 和 c 说明了什么？

（3）如果 PFK 分子仅失去非活性中心的 ATP 结合部位对糖酵解途径的速率有何影响？

（4）拥有与 PFK 相似的酶活性调控方式的这一类酶有何共同性质？

知识拓展

1. 根据所学生物化学知识如何对甲醇和有机磷中毒者进行解毒？

2. 生的豆浆最好不要喝，这是为什么？

3. 为什么蛔虫等肠道寄生虫在体内不会被胃蛋白酶、胰蛋白酶消化？

4. 阅读相关酶研究方面的科技论文，如果你发现了一种蛋白酶，你准备做哪些方面的工作？

开放性讨论话题

了解热稳定 *Taq* DNA 聚合酶从发现到应用至聚合酶链式反应（PCR）的过程。目前，热稳定 *Taq* DNA 聚合酶除应用于基础研究外，还被广泛应用于很多领域，是"一个酶支撑一个产业"的典型代表。

1. 请你列举至少一个类似的酶及其支撑的产业。

2. 结合你的专业或者兴趣爱好，你需要什么样的酶可以解决什么难题。

参考答案

一、单项选择题

1. C　2. A　3. B　4. B　5. D　6. A　7. A　8. D　9. D　10. A　11. D

12. C 13. D 14. D 15. B 16. B 17. A 18. D 19. C 20. B 21. B 22. C
23. D 24. A 25. B 26. D 27. B 28. C 29. B 30. B 31. B 32. B 33. D
34. D 35. C 36. A 37. B 38. A 39. A 40. B

二、填空题

1. 活细胞 蛋白质 2. 高效性 专一性
3. 共价催化 活性中心酸碱催化 4. 竞争性 5. S 双 寡聚
6. 酶蛋白 辅助因子 7. 辅酶 辅基 8. 化学方法处理 透析法
9. 氧化还原酶类 转移酶类 水解酶类 裂合酶类 异构酶类 合成酶类
10. 绝对专一性 相对专一性 立体专一性
11. 结合部位 催化部位 12. 结合 催化
13. 酶催化化学反应的能力 一定条件下，酶催化某一化学反应的反应速率
14. 齐变 序变 15. 稳定性好 可反复使用 易于与反应液分离
16. 温度升高，可使反应速率加快 温度太高，会使酶蛋白变性而失活
17. 绝对 立体 18. $-1/K_m$ $1/v_{max}$ 19. 二氢叶酸合成酶
20. 比活力 总活力 21. 磷酸吡哆醛 B_6
22. 还原性产物 一碳单位 23. 微量 辅酶
24. 水溶性维生素 脂溶性维生素
25. TPP 脱羧酶 转酮酶 26. 酰化 酰基
27. NAD^+ $NADP^+$ 脱氢 28. 羧化酶 CO_2
29. 金属元素 30. 维生素A 维生素D

三、名词解释

1. 米氏常数（K_m 值，Michaelis constant）：用 K_m 值表示，是酶的一个重要参数。K_m 值是酶反应速率（v）达到最大反应速率（v_{max}）一半时底物的浓度。米氏常数是酶的特征性常数，只与酶的性质有关，不受底物浓度和酶浓度的影响。

2. 底物专一性（substrate specificity）：酶的专一性是指酶对底物及其催化反应的严格选择性。通常酶只能催化一种化学反应或一类相似的反应，不同的酶具有不同程度的专一性，酶的专一性可分为3种类型：绝对专一性、相对专一性、立体专一性。

3. 辅基（prosthetic group）：酶的辅因子或结合蛋白质的非蛋白部分，与酶或蛋白质结合得非常紧密，用透析法不能除去。

4. 单体酶（monomer enzyme）：只有一条多肽链的酶称为单体酶，它们不能解离为更小的单位。

5. 寡聚酶（oligomerase）：有几个或多个亚基组成的酶称为寡聚酶。寡聚酶中的亚基可以是相同的，也可以是不同的。亚基间以非共价键结合，容易为酸碱、高浓度的盐或其他的变性剂分离。寡聚酶的相对分子质量从 35 000 到几百万。

6. 多酶体系（multienzyme system）：由几个酶彼此嵌合形成的复合体称为多酶体系。多酶体系有利于细胞中一系列反应的连续进行，以提高酶的催化效率，同时便于机体对酶的调控。多酶体系的相对分子质量都在几百万以上。

7. 激活剂（activator）：凡是能提高酶活性的物质，都称激活剂，其中大部分是离子或简单的有机化合物。

8. 抑制剂（inhibitor）：能使酶的必需基团或酶活性部位中的基团的化学性质改变而降低酶的催化活性甚至使酶的催化活性完全丧失的物质。

9. 变构（别构）酶（allostreic enzyme）：或称别构酶，是代谢过程中的关键酶，它的催化活性受其三维结构中的构象变化的调节。

10. 同工酶（isozyme）：是指有机体内能够催化同一种化学反应，但其酶蛋白本身的分子结构组成却有所不同的一组酶。

11. 诱导酶（inducible enzyme）：是指当细胞中加入特定诱导物后诱导产生的酶，它的含量在诱导物存在下显著增高，这种诱导物往往是该酶底物的类似物或底物本身。

12. 酶原（zymogen）：酶的无活性前体，通常在有限度的蛋白质水解作用后，转变为具有活性的酶。

13. 酶的比活力（specific activity of enzyme）：比活力是指每毫克蛋白质所具有的活力单位数。

14. 活性中心（active center）：酶分子中直接与底物结合，并催化底物发生化学反应的部位，称为酶的活性中心。

15. 维生素（vitamin）：是人和动物为维持机体正常的生命活动及生理功能所不可缺少的，必须从食物中获得的一类小分子有机物。

16. 水溶性维生素（water - soluble vitamin）：是能在水中溶解的一组维生素，包括维生素 B_1、维生素 B_2、维生素 B_3、维生素 B_5、维生素 B_6、维生素 B_{12}、生物素、叶酸、维生素 C 和硫辛酸等。

17. 脂溶性维生素（fat - soluble vitamin）：是能溶于有机溶剂而不溶于水的一类维生素，包括维生素 A、维生素 D、维生素 E、维生素 K 等。

四、判断题

1. × 2. √ 3. √ 4. × 5. × 6. × 7. × 8. √ 9. √ 10. √ 11. ×
12. √ 13. √ 14. × 15. × 16. √ 17. √ 18. √ 19. × 20. √ 21. ×

五、简答题

1. 答：

实验原理：①双缩脲反应，蛋白质在碱性条件下与铜离子发生络合反应，生成紫色络合物。②已知鸡蛋清成分为蛋白质。唾液中的主要成分包括水和唾液淀粉酶。

实验材料：唾液、清水、鸡蛋清稀释液、氢氧化钠溶液、硫酸铜溶液、试管。

实验步骤：①取三支相同的洁净试管，编号 A、B、C。②分别向三支试管中加入 2 mL 唾液、清水和鸡蛋清稀释液。并加入 2 mL 氢氧化钠溶液，充分混合。③再向三支试管中分别滴加 2～3 滴硫酸铜溶液，摇匀，观察颜色变化。

现象：A 试管变成紫色，B 未变成紫色，C 试管变成紫色。

结论：证明唾液淀粉酶是蛋白质。

2. 答：

共性：①用量少而催化效率高；②仅能改变化学反应的速率，不改变化学反应的平衡点，酶本身在化学反应前后也不改变；③可降低化学反应的活化能。

个性：①催化效率极高；②具有高度的专一性；③酶易失活；④酶活力可以进行及时有效的调节；⑤酶的作用条件较为温和；⑥大多数酶的催化活力往往与辅酶、辅基或金属离子有关，有些酶活力的发挥还需要 RNA 作为辅助因子，如端粒酶等。

3. 答：

根据 v-$[S]$ 的米氏曲线，当底物浓度远远低于 K_m 值时，酶不能被底物饱和，从酶的利用角度而言，很不经济；当底物浓度远远高于 K_m 值时，酶趋于被底物饱和，随底物浓度改变，反应速率变化不大，不利于反应速率的调节；当底物浓度在 K_m 值附近时，反应速率对底物浓度的变化较为敏感，有利于反应速率的调节。

4. 答：

酶蛋白分子中组氨酸的侧链咪唑基 pK 值为 6.0～7.0，在生理条件下，一部分解离，可以作为质子供体，一部分不解离，可以作为质子受体，既是酸，又是碱，可以作为广义酸碱共同催化反应，因此常参与构成酶的活性中心。

5. 答：

A-4-Ⅲ；B-3-Ⅱ；C-6-Ⅴ；D-1-Ⅵ；E-2-Ⅰ；F-5-Ⅳ。

六、论述题

答：

①所处的环境温度，温度过高或者过低都会减慢酶催化反应的速率甚至完

全没有催化作用。温度过低可以使酶失去活性，但是温度重新升到常温又可以恢复活性。高温使酶失去活性并会破坏酶的蛋白结构使酶永久失去作用。②所处环境的酸碱度，过酸和过碱性条件下都会减慢酶催化反应的速率甚至完全没有催化作用。过酸和过碱性的环境都可以破坏酶蛋白的结构而使酶蛋白永久失去活性。③紫外线、重金属盐、抑制剂、激活剂等通过影响酶的活性来影响酶促反应的速率。④酶的浓度、底物的浓度等不会影响酶活性，但可以影响酶促反应的速率。如果酶的浓度高，催化反应速率就快；浓度低，催化反应速率就慢。要催化的反应物如果浓度低也会使得催化速率大大减慢。

 **巩固提高**

1. 答：

（1）突变对酶的基础活性（没有 C 的时候）没有影响，说明 Val57 不是酶活性中心的一部分或者与别构中心有关。相反，在有 C 的时候，Val57 的突变对酶活性影响很大，这说明 Val57 的取代影响激活剂 C 与别构中心的结合，进而影响活性中心的构象和活性。

（2）Val 和 Ala 都是疏水氨基酸，不带电荷，因此 Val57→Ala57 属于保守性突变，对别构中心的功能影响不大。但 Ser 和 Glu 都是极性氨基酸，所以 Val57→Ser57 或 Val57→Glu57 突变都能影响 C 的结合，降低 C 的激活效果，但与 Ser 不同的是，Glu 既是极性氨基酸，又带电荷，故影响的效果更大。

2. 答：

先在没有底物或竞争性抑制剂存在的情况下，将酶与碘代乙酸保温，然后，分析被碘代乙酸修饰的 Cys 残基；再在有底物或竞争性抑制剂存在的情况下，将酶与碘代乙酸保温，然后，同样分析被碘代乙酸修饰的 Cys 残基。比较两种情况下被修饰的 Cys 位置，其中在底物或竞争性抑制剂存在的情况下，不会被修饰的 Cys 肯定在活性中心，因为在这种情况下，活性中心受底物结合的保护。

3. 答：

（1）从表中所给数据可以看出，$v_{max} = 0.25\ \mu mol/min$，

因为：$v = \dfrac{v_{max} \cdot [S]}{K_m + [S]}$

所以 $K_m = \dfrac{0.25 \times 5.0 \times 10^{-5}}{0.2} - 5.0 \times 10^{-5} = 1.25 \times 10^{-5}$（mol/L）

（2）$v_1 = \dfrac{v_{max} \cdot [S]}{K_m + [S]} = \dfrac{0.25 \times 2.0 \times 10^{-6}}{2.0 \times 10^{-6} + 1.25 \times 10^{-5}} = 0.034\,55$（$\mu mol/min$）

$v_2 = \dfrac{v_{max} \cdot [S]}{K_m + [S]} = \dfrac{0.25 \times 1.0 \times 10^{-1}}{1.0 \times 10^{-1} + 1.25 \times 10^{-5}} \approx 0.25$（$\mu mol/min$）

（3）当 $[S]=2.0\times10^{-3}$ mol/L 时，$v=\dfrac{v_{max}\cdot[S]}{K_m+[S]}=\dfrac{0.25\times2.0\times10^{-3}}{2.0\times10^{-3}+1.25\times10^{-5}}$

$=0.25$（μmol/min）

故 $\rho=0.25\times5=1.25$（μmol）

（4）因为 K_m 与 $[S]$ 无关，所以 K_m 不变；因为 $v_{max}=K_m[E]$，$[E]$ 增大 4 倍，所以 v_{max} 增大 4 倍，即 $v_{max}=0.25\times4=1$（μmol/min）。

4. 答:

（1）果糖磷酸激酶（PFK）是糖酵解代谢中的限速酶，为变构酶，是由多个亚基组成的寡聚酶，当无调节物存在时，PFK 以稳定的 T 态存在，当加入底物时，酶与底物结合，当 1 个亚基由 T 态变为 R 态，其他亚基也几乎同时转变为 R 态，当构象转变为 R 态后，大大增强了酶对底物的亲和性，所以曲线 a 呈 S 形曲线。

（2）曲线 b 是在反应体系中加入一定浓度 ATP 所得到的动力学曲线，K_m 值增加，显示负协同效应，说明 ATP 为 PFK 的别构抑制剂。曲线 c 是在 ATP 存在的条件下再加入一定浓度的果糖-2,6-二磷酸（F-2,6-BP），K_m 值减小，但 v_{max} 不变，显示为正协同效应，说明 F-2,6-BP 为 PFK 的别构激活剂。

（3）PFK 上有两个 ATP 结合位点，一个是与 ATP 作为底物的 ATP 结合位点，位于酶的活性部位；一个是与 ATP 作为别构抑制剂的 ATP 结合位点。如果 PFK 分子仅失去非活性中心的 ATP 结合部位，保留了活性中心的作为底物的 ATP 结合位点，其催化作用不能得到有效的抑制，随着 ATP 含量的增加，糖酵解速率也会逐渐增加。

（4）变构酶的性质。一般都是寡聚酶，通过次级键由多亚基构成；具有协同效应，许多变构酶的调节物既有底物，也有其他代谢物，兼有同促效应和异促效应；异促变构酶的异促效应物可分为 K 型效应物和 v 型效应物，K 型效应物可改变底物的 K_m，而 v_{max} 不变，v 型效应物不改变底物的 K_m，但可使 v_{max} 发生变化。

第 ⑤ 章　糖代谢

学习目标

1. 掌握糖的生理功能，糖原合成与分解途径，血糖的调控机制。
2. 熟练掌握糖酵解的主要反应，糖有氧氧化反应历程和生物学意义。
3. 熟练掌握磷酸戊糖途径、糖异生的主要过程和代谢调控。
4. 理解磷酸戊糖途径的生理意义，几种途径之间的联系及影响。

重点难点

1. 糖在体内的运转、糖原的合成与分解的关键步骤、血糖的调控机制。
2. 糖酵解、三羧酸循环反应的关键步骤，底物磷酸化，脱氢反应，丙酮酸脱氢酶系。
3. 磷酸戊糖途径与糖酵解的关系、葡萄糖与丙酮酸相互转换时的能量计算、细胞内能量水平的调控。

主要知识点

第一部分　糖代谢概述

1. 糖

糖（carbohydrate）是所有含有醛基（半缩醛羟基）或酮基（半缩酮羟基）的多羟基化合物的总称，由 C、H、O 三种元素组成，其分子式通常以 $C_n(H_2O)_m$ 表示。根据分子中含醛基还是酮基可分为醛糖（aldose）和酮糖（ketose）。还可根据碳原子数分为丙糖（triose）、丁糖（tetrose）、戊糖（pentose）、己糖（hexose）。个别糖的命名多是根据糖的来源给予一个通俗的名称，如葡萄糖、果糖、蔗糖、乳糖等。

根据糖的结构单元数目多少分为以下几种。

（1）单糖。不能被水解成更小分子的糖。

（2）寡糖。2～10 个单糖分子脱水缩合而成，以双糖最为普遍，意义也较大。

（3）多糖。水解时产生 10 个以上单糖分子的糖类。包括：①均一性多糖，如淀粉、糖原、纤维素、几丁质（壳多糖）等；②不均一性多糖，如半纤维素、透明质酸、硫酸软骨素等糖胺多糖类。

2. 糖的来源与去路

来源：消化道吸收和非糖物质的转变（注意不同动物的消化类型）。

去路：合成糖原，氧化功能，补充血糖及转变成其他物质。

3. 糖的生理功能

（1）作为生物体的结构成分。如 DNA、RNA 的成分；黏多糖是结缔组织基质的主要成分。

（2）作为生物体内的主要能源物质。

（3）在生物体内转变为其他物质。

（4）作为细胞识别的信息分子。

第二部分　糖的无氧氧化

无氧或缺氧条件下，葡萄糖不完全氧化，生成乳酸叫作酵解，生成酒精叫作酒精发酵，两个过程在生成丙酮酸之前的反应步骤完全一样，统称糖酵解，也称 EMP 途径，丙酮酸之后代谢产生差异。

1. 糖酵解

（1）糖酵解的酶都存在于胞液中，大部分需要 Mg^{2+} 参与（如磷酸果糖激酶、磷酸甘油酸激酶、烯醇化酶、丙酮酸激酶等）。Mg^{2+} 可以作为酶的辅酶或辅基赋予酶活性，也可以降低作用物的电负性，提高其亲电子能力。

（2）糖酵解过程。

① 耗能阶段：葡萄糖经两次磷酸化、异构化裂解为两分子 3-磷酸甘油醛。共 5 步反应，消耗 2 分子 ATP。

② 产能阶段：3-磷酸甘油醛经 3-磷酸甘油醛脱氢酶、磷酸甘油酸激酶、磷酸甘油酸变位酶、烯醇化酶和丙酮酸激酶的作用转化为 2 分子丙酮酸，途中两种高能磷酸化合物 1,3-二磷酸甘油酸和磷酸烯醇式丙酮酸转化各产生 1 分子 ATP，3-磷酸甘油醛脱氢酶催化的反应产生 1 分子 $NADH+H^+$。

2. 丙酮酸的去路

（1）细胞缺氧时，能量来源主要为糖酵解产生的少量 ATP，糖酵解消耗 NAD^+，因此需要通过以下方式不断补充 NAD^+。

① 动物细胞：丙酮酸＋$NADH+H^+$→乳酸＋NAD^+。

② 植物细胞：丙酮酸脱羧生成乙醛，乙醛接受 $NADH+H^+$ 生成乙醇和 NAD^+。

（2）有氧时，丙酮酸进入线粒体基质进行柠檬酸循环，彻底氧化为 CO_2，并产生 ATP 和 $NADH+H^+/FADH_2$。

3. 糖酵解的调节

催化不可逆反应的三种变构酶，己糖激酶、磷酸果糖激酶、丙酮酸激酶是调控糖酵解速率的关键位点。

（1）磷酸果糖激酶。是糖酵解过程的限速酶，受 ATP、$NADH+H^+$ 和柠檬酸的抑制；受 2,6-二磷酸果糖的变构激活。

（2）己糖激酶。有四种同工酶，Ⅰ、Ⅱ、Ⅲ受 6-磷酸葡萄糖的抑制；V 存在于肝中，又叫葡糖激酶，受 6-磷酸果糖和葡糖激酶调节蛋白的抑制；受 1,6-二磷酸果糖激活。

（3）丙酮酸激酶。高浓度 ATP、乙酰辅酶 A、长链脂肪酸、丙氨酸抑制其活性，1,6-二磷酸果糖激活其活性。另外 5-磷酸木酮糖间接去磷酸化 PFK-2（磷酸果糖激酶-2）/FBPase-2 酶（二磷酸果糖磷酸酶-2），上调 2,6-二磷酸果糖浓度，激活糖酵解。

4. 糖酵解的生理意义

（1）生物体获能的一种方式。如视网膜、神经、睾丸、肾髓质、血细胞等组织代谢活动极为活跃，即使不缺氧也常由无氧分解提供部分能量；成熟的红细胞完全依赖糖的无氧分解以获得能量。

（2）生物体特殊生理或病理情况下获能的方式。如严重贫血、大量失血、休克等，由于循环障碍造成组织供氧不足，也会加强糖的无氧分解，产生的乳酸过多时还会引起酸中毒。

（3）糖、脂肪、氨基酸代谢相联系的途径。

第三部分　糖的有氧分解

1. 概念

葡萄糖的有氧分解是指在有氧条件下，葡萄糖彻底氧化生成 CO_2 和 H_2O，并伴有能量释放的过程。

2. 过程

葡萄糖有氧氧化包括 4 个阶段：

（1）葡萄糖降解为丙酮酸（胞液）。在胞液内糖酵解生成丙酮酸与糖酵解过程基本相似。

（2）丙酮酸在线粒体内彻底氧化。丙酮酸转化为乙酰辅酶 A，由丙酮酸脱氢酶催化，与柠檬酸循环中的 α-酮戊二酸脱氢酶的反应机制类似，两种酶有很多相似之处：①都是多酶体系，有 3 种酶组分，且催化反应的机制相似。②都需要 TPP、FAD、NAD^+、硫辛酸、辅酶 A 5 种辅助因子。③都催化产生高能化合物乙酰辅酶 A/琥珀酰辅酶 A，都产生 NADH。④都受产物高能荷（ATP）抑制。

（3）三羧酸循环（线粒体）。三羧酸循环（tricarboxylic acid cycle，TCA cycle）也称为柠檬酸循环（citric acid cycle）或 Krebs 循环，它绝对需要氧气的存在，因此只存在于有氧生物体内。如果是真核细胞，发生在线粒体中；如果是原核细胞，则发生在细胞质基质中。作为一条不定向代谢途径，它既是糖类、脂类和蛋白质在细胞内最后氧化分解的共同代谢途径，又在很多生物分子的合成代谢中发挥重要的作用。

（4）呼吸链氧化（线粒体）。

3. TCA 循环能量总结算

乙酰辅酶 A 和草酰乙酸缩合形成 1 分子柠檬酸，再经 4 次脱氢 2 次脱羧，和 1 次底物水平磷酸化，生成 3 分子 $NADH+H^+$、1 分子 $FADH_2$，以及 1 分子 GTP。若柠檬酸循环的产物继续进入电子传递链，则从乙酰酶 A 到草酰乙酸的一次循环，共计产生 ATP=$2.5\times3+1.5\times1+1=10$（分子），若从丙酮酸开始算起产生 12.5 分子 ATP（丙酮酸脱氢产生 1 分子 $NADH+H^+$）。

4. TCA 循环的调控

（1）丙酮酸脱氢酶（柠檬酸循环入口酶）。$NADH+H^+$、乙酰辅酶 A、ATP、脂肪酸变构抑制该酶活性，NAD^+、ATP、辅酶 A 变构激活其活性；高浓度 ATP 使其磷酸化失活，Ca^{2+} 使其去磷酸化激活。

（2）柠檬酸合酶、异柠檬酸脱氢酶、α-酮戊二酸脱氢酶为柠檬酸循环的限速酶。

（3）底物调节和产物抑制。

5. TCA 循环的意义

（1）糖的有氧氧化是动物获得能量的主要方式。

（2）糖的有氧氧化是糖、脂和氨基酸等营养物质分解代谢的共同归宿。

（3）糖的有氧氧化也是糖、脂和氨基酸等营养物质互相转变和联系的共同枢纽。TCA 循环的许多中间物质能够进入其他代谢途径，主要的连接点是乙酰 CoA、草酰乙酸和 α-酮戊二酸。这些中间物根据机体的不同需要决定是进入糖代谢、脂代谢还是氨基酸代谢。

（4）糖的有氧氧化途径为嘌呤、嘧啶、尿素的合成提供二氧化碳，也是大自然碳循环的重要组成部分。

第四部分　磷酸戊糖途径

1. 概念

磷酸戊糖途径指由葡萄糖生成磷酸戊糖和 NADPH（还原性烟酰胺腺嘌呤二核苷酸磷酸）＋H^+，前者再进一步转变成 3-磷酸甘油醛和 6-磷酸葡萄糖的反应过程。

$6G-6-P+12NADP^+ +7H_2O \rightarrow 5G-6-P+6CO_2+12NADPH+12H^+ +Pi$

该途径由实验中发现，用碘乙酸和氟化物抑制 3-磷酸甘油醛生成 1,3-二磷酸甘油醛的反应，但葡萄糖仍能分解成 CO_2 和 H_2O。说明还有其他途径的存在。

2. 代谢过程

（1）不可逆的氧化部分（磷酸戊糖生成）。6-磷酸葡萄糖（G6P）在 6-磷酸葡萄糖脱氢酶（G6PD）的作用下，经一步脱羧、二步脱氢反应生成 5-磷酸核糖和 2 分子 NADPH＋H^+ 的过程。6-磷酸葡萄糖脱氢酶是关键酶，辅酶是 $NADP^+$ 而不是 NAD^+。

（2）可逆的非氧化部分（磷酸己糖再生）。转酮醇酶和转醛醇酶通过 3 个反应创造了磷酸戊糖途径和糖酵解的可逆纽带。

$3C_5 \rightarrow 2,6-磷酸果糖+3-磷酸甘油醛$

3. 磷酸戊糖途径的调控

（1）G6PD 是磷酸戊糖途径的限速酶，其活性受 $NADP^+/NADPH+H^+$ 值的调节。NADPH 竞争性抑制 G6PD 和 6-磷酸葡萄糖酸脱氢酶活性。

（2）根据机体对 G6P 和 5-磷酸核糖的需要，协同调控磷酸戊糖途径和糖酵解过程：

① 需要大量 5-磷酸核糖时（细胞分裂旺盛），大多数 G6P 转化为 5-磷酸核糖，并可通过反向磷酸戊糖途径将 2 分子 6-磷酸果糖（F6P）和 1 分子 3-磷酸甘油醛转化为 3 分子 5-磷酸核糖。

② 需要 NADPH 和 5-磷酸核糖的量处于平衡时，磷酸戊糖途径氧化阶段处于优势。需要 NADPH 的量远超 5-磷酸核糖时（脂肪组织合成脂肪酸），G6P 彻底氧化为 CO_2。

4. 磷酸戊糖途径的生物学意义

（1）是体内利用葡萄糖生成 5-磷酸核糖的唯一途径，为体内核酸的合成提供了原料。

（2）为各类反应提供 NADPH＋H^+（脂肪酸/胆固醇的合成，由核糖核苷酸生成脱氧核糖核苷酸，保持红细胞谷胱甘肽的还原性，防止贫血等都需要 NADPH＋H^+ 的作用）。

（3）通过转酮、转醛反应，使丙糖、丁糖、戊糖、己糖、庚糖在体内得以互相转变。

（4）供能。

第五部分　糖异生

由非糖物质转变为葡萄糖或糖原的过程称为糖异生（gluconeogenesis）。肝是糖异生作用的最主要器官，肾（皮质）也具有糖异生的能力。主要原料有生糖氨基酸、乳酸、甘油、丙酸、丙酮酸以及三羧酸循环中的各种羧酸等。

由各种非糖物质转变成糖的具体途径虽有所不同，但共同之处都是先转变成糖无氧分解途径中某一中间产物，继而再转变为糖。

1. 糖异生作用的生物学意义

（1）非糖物质为机体提供糖，维持血糖水平恒定。

① 牛、羊等反刍动物体内糖主要靠糖异生作用，反刍动物体内的糖异生作用 85% 在肝中进行，少量在肾中进行。

② 马、驴、兔等体内糖的获得相当大程度上靠糖异生作用。

③ 所有家畜饥饿或糖摄入不足时，靠糖异生作用获得葡萄糖，首先用于维持血糖浓度恒定。

（2）清除家畜重役后产生的大量乳酸，调节酸碱平衡，防止酸中毒，同时还可使不能直接补充血糖的肌糖原能够转变成血糖。典型成年人脑日需 120 g 糖，而整个躯体需 160 g 糖。

（3）协助氨基酸代谢转化为糖。

2. 糖异生作用的反应途径

以丙酮酸为原料生成葡萄糖的糖异生过程并非糖酵解，但二者关系非常密切。糖异生有三步反应不可逆，其他过程相似。

（1）丙酮酸生成磷酸烯醇式丙酮酸。丙酮酸在丙酮酸羧化酶的作用下生成草酰乙酸（线粒体内），草酰乙酸转变成苹果酸，转移至细胞质中再转变成草酰乙酸，草酰乙酸再转变成磷酸烯醇式丙酮酸。此过程消耗 2 分子 ATP。

（2）磷酸烯醇式丙酮酸生成 1,6-二磷酸果糖。此过程的几步反应基本上与糖酵解相似。但是，糖酵解的 1,3-二磷酸甘油酸转变成 3-磷酸甘油酸时底物磷酸化生成 ATP，而 3-磷酸甘油酸转变成 1,3-二磷酸甘油醛时消耗 ATP。

（3）1,6-二磷酸果糖生成 6-磷酸果糖。此反应由葡萄糖-6-磷酸酯酶催化，而糖酵解时是 6-磷酸果糖激酶催化。

（4）6-磷酸果糖生成葡萄糖。此反应由 6-磷酸葡萄糖酶催化。而糖酵解时是己糖激酶催化。

3. 乳酸循环

乳酸循环（lactic acid cycle），也称 Cori 循环。是指肌肉收缩时通过糖无氧氧化产生乳酸，乳酸经血液进入肝脏进行糖异生，生成葡萄糖进入血液后又可被肌肉摄取，如此往复循环消耗体内的乳酸。

4. 乳酸异生为葡萄糖的意义

① 防止酸中毒。

② 乳酸再利用。

第六部分　糖原的合成与分解

动物肌肉和肝脏中的糖原合成与植物淀粉合成的机制相似。但动物有自身特殊的酶类——糖原合成酶；另外葡萄糖供体为尿苷二磷酸葡萄糖（UDPG）。动物糖原分支要比植物多。

合成糖原储存于肝脏，只需消耗很少的能量，因此糖原是葡萄糖的有效储存形式。

（1）糖原合成。葡萄糖首先转变成 6-磷酸葡萄糖，再经几步反应转变成 UDPG，在少量葡萄糖残基存在下，由 n 个葡萄糖残基转变成 $n+1$ 个葡萄糖残基。当 1,4-糖苷键延长 6 个残基以上时，分支酶催化一部分残基脱落，以 α-1,6-糖苷键与原分子中的另一个残基相连，形成分支。然后再延长，再分支，形成具有很多分支的糖原。

（2）糖原分解。糖原分解的关键酶是磷酸化酶。该酶与糖原分子非还原性末端结合，形成 1-磷酸葡萄糖。然后转变成 6-磷酸葡萄糖。6-磷酸葡萄糖在酶的作用下生成葡萄糖。此酶只在肝、肾中存在。然后转移酶的作用使分支减少，分支点 α-1,6-糖苷键由去分支酶分解。转移酶和去分支酶是一个酶的不同部分。

（3）由遗传决定的糖原贮藏病。

举例：①无 6-磷酸葡萄糖酶病例；②无脱支酶病例。

第七部分　血　糖

血糖是糖在体内的运转形式，此外糖可在体内转变成其他物质。

1. 血糖来源与去路

血糖的 3 个来源是消化道吸收、肝糖原分解及糖异生。而血糖的两个去路是组织细胞利用和肝糖原合成。

2. 血糖浓度是恒定的

进食时血糖浓度上升，糖原合成加快，糖贮存；饥饿时，血糖浓度下降，糖原分解加快，补充血糖；体内缺糖时，肝中糖异生加快，补充血糖。

3. 激素的调控

① 胰岛素：促进血糖进入组织细胞；促进糖的氧化分解；促进糖原合成；抑制糖原分解；抑制糖异生，从而使血糖下降。

② 肾上腺素、胰高血糖素、肾上腺皮质激素、生长激素等起抗胰岛素的作用，促进血糖升高。

③ 交感神经兴奋可促进血糖升高。

知识巩固

一、单项选择题

1. 下列无还原性的糖是（　　　）

　　A. 麦芽糖　　　　　B. 蔗糖　　　　　C. 阿拉伯糖　　　D. 木糖

2. 下列有关葡萄糖的叙述，错误的是（　　　）

　　A. 显示还原性

　　B. 在强酸中脱水形成 5 -羟甲基糠醛

　　C. 莫利希（Molisch）试验阴性

　　D. 与苯肼反应生成脎

3. 葡萄糖和甘露糖是（　　　）

　　A. 异头体　　　　　　　　　B. 差向异构体

　　C. 对映体　　　　　　　　　D. 顺反异构体

4. 下列不能生成糖脎的糖为（　　　）

　　A. 葡萄糖　　　　B. 果糖　　　　C. 蔗糖　　　　D. 乳糖

5. 下图的结构式代表哪种糖（　　　）

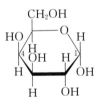

　　A. α - D -葡萄糖　　　　　　B. β - D -葡萄糖

　　C. α - D -半乳糖　　　　　　D. β - D -半乳糖

6. 关于糖类消化吸收的叙述，错误的是（　　　）

　　A. 食物中的糖主要是淀粉

　　B. 消化的部位主要是小肠

　　C. 部分消化的部位可在口腔

D. 胰淀粉酶将淀粉全部水解成葡萄糖

7. 在胰液的 α-淀粉酶作用下，淀粉的主要水解产物是（　　）

    A. 麦芽糖及临界糊精   B. 葡萄糖及临界糊精

    C. 葡萄糖   D. 葡萄糖及麦芽糖

8. 关于糖酵解途径的叙述错误的是（　　）

    A. 是体内葡萄糖氧化分解的主要途径

    B. 全过程在胞液中进行

    C. 该途径中有 ATP 生成步骤

    D. 只有在无氧条件下葡萄糖氧化才有此过程

9. 人体内糖酵解途径的终产物有（　　）

    A. CO_2 和 H_2O B. 丙酮酸   C. 丙酮   D. 乳酸

10. 关于糖酵解途径中的关键酶正确的是（　　）

    A. 磷酸果糖激酶-1   B. 果糖双磷酸酶-1

    C. 磷酸甘油酸激酶   D. 丙酮酸羧化酶

11. 糖酵解过程中哪种酶直接参与 ATP 的生成反应（　　）

    A. 磷酸果糖激酶-1   B. 果糖双磷酸酶-1

    C. 磷酸甘油酸激酶   D. 丙酮酸羧化酶

12. 糖酵解过程中哪种物质提供～P 使 ADP 生成 ATP（　　）

    A. 1,6-二磷酸果糖   B. 3-磷酸甘油醛

    C. 2,3-二磷酸甘油酸   D. 磷酸烯醇式丙酮酸

13. 调节糖酵解途径流量最重要的酶是（　　）

    A. 己糖激酶   B. 6-磷酸果糖激酶-1

    C. 磷酸甘油酸激酶   D. 丙酮酸激酶

14. 关于 6-磷酸果糖激酶-1 的变构激活剂，下列错误的是（　　）

    A. 1,6-二磷酸果糖   B. 2,6-二磷酸果糖

    C. AMP   D. 柠檬酸

15. 关于 6-磷酸果糖激酶-2 叙述错误的是（　　）

    A. 是一种双功能酶   B. 催化 6-磷酸果糖磷酸化

    C. AMP 是其变构激活剂   D. 该酶磷酸化修饰后活性增强

16. 1 分子葡萄糖经糖酵解生成乳酸时净生成 ATP 的分子数为（　　）

    A. 1   B. 2   C. 3   D. 4

17. 糖原分子的一个葡萄糖基经糖酵解生成乳酸时净生成 ATP 的分子数为（　　）

    A. 1   B. 2   C. 3   D. 4

18. 1 分子葡萄糖在有氧和无氧条件下经糖酵解途径氧化产生 ATP 分子

数之比为（　　）

  A. 2   B. 4   C. 6   D. 19

19. 1分子葡萄糖通过有氧氧化和糖酵解净产生 ATP 分子数之比为（　　）

  A. 2   B. 4   C. 6   D. 19

20. 成熟红细胞仅靠糖酵解供给能量是因为（　　）

  A. 无氧   B. 无 TPP   C. 无 CoA   D. 无线粒体

21. 下述中含有高能磷酸键的化合物是（　　）

  A. 1,6-二磷酸果糖   B. 6-磷酸葡萄糖

  C. 1,3-二磷酸甘油酸   D. 3-磷酸甘油酸

22. 糖酵解是（　　）

  A. 其终产物是丙酮酸   B. 其酶系在胞液中

  C. 不消耗 ATP   D. 所有反应均可逆

23. 下列与糖酵解途径无关的酶是（　　）

  A. 己糖激酶   B. 醛缩酶

  C. 烯醇化酶   D. 磷酸烯醇式丙酮酸羧激酶

24. 下列关于己糖激酶与葡萄糖激酶的叙述，错误的是（　　）

  A. 都能促进6-磷酸葡萄糖的生成

  B. 己糖激酶对葡萄糖亲和力高

  C. 葡萄糖激酶 K_m 值高

  D. 葡萄糖激酶受6-磷酸葡萄糖反馈抑制

25. 关于有氧氧化的叙述，错误的是（　　）

  A. 糖有氧氧化是细胞获能的主要方式

  B. 有氧氧化可抑制糖酵解

  C. 糖有氧氧化的终产物是 CO_2 和 H_2O

  D. 有氧氧化只通过氧化磷酸化产生 ATP

26. 下列哪一种不是丙酮酸脱氢酶复合体的辅酶（　　）

  A. TPP   B. FAD   C. NAD^+ D. 生物素

27. 下列关于丙酮酸脱氢酶复合体的叙述，错误的是（　　）

  A. 由3个酶和5个辅酶组成

  B. 产物乙酰 CoA 对酶有反馈抑制作用

  C. 该酶磷酸化后活性增强

  D. 可通过变构调节和共价修饰两种方式调节

28. 1分子丙酮酸在线粒体内氧化成 CO_2 和 H_2O 时生成多少分子 ATP（　　）

  A. 2   B. 4   C. 8   D. 15

29. 1 分子乙酰 CoA 经三羧酸循环氧化后的产物是 （　　　）
    A. 柠檬酸 　　　　　　　　　　B. 草酰乙酸
    C. $2CO_2$＋4 分子还原当量 　　D. CO_2＋H_2O

30. 三羧酸循环中底物水平磷酸化的反应是 （　　　）
    A. 柠檬酸→异柠檬酸 　　　　　B. 异柠檬酸→α-酮戊二酸
    C. α-酮戊二酸→琥珀酸 　　　　D. 琥珀酸→延胡索酸

31. α-酮戊二酸脱氢酶复合体中不含辅酶的是 （　　　）
    A. 硫辛酸 　　　　　　　　　　B. CoA－SH
    C. NAD^+ 　　　　　　　　　　D. FMN

32. 调节三羧酸循环运转速率最主要的酶是 （　　　）
    A. 苹果酸脱氢 　　　　　　　　B. 异柠檬酸脱氢酶
    C. 琥珀酰 CoA 合成酶 　　　　　D. 琥珀酸脱氢酶

33. 三羧酸循环中草酰乙酸的补充主要来自 （　　　）
    A. 丙酮酸羧化后产生 　　　　　B. C、O 直接化合产生
    C. 乙酰 CoA 缩合后产生 　　　　D. 苹果酸加氢产生

34. 三羧酸循环中存在于线粒体内膜上的酶是 （　　　）
    A. 柠檬酸合成酶 　　　　　　　B. 异柠檬酸脱氢酶
    C. 琥珀酸 CoA 合成酶 　　　　　D. 琥珀酸脱氢酶

35. 三羧酸循环中产生 ATP 最多的反应是 （　　　）
    A. 柠檬酸→异柠檬酸 　　　　　B. 异柠檬酸→α-酮戊二酸
    C. α-酮戊二酸→琥珀酸 　　　　D. 琥珀酸→延胡索酸

36. 关于乙酰 CoA 的叙述，下列错误的是 （　　　）
    A. 丙酮酸生成乙酰 CoA 的过程不可逆
    B. 三羧酸循环可逆向合成乙酰 CoA
    C. 乙酰 CoA 是三大物质代谢的共同中间产物
    D. 乙酰 CoA 不能进入线粒体

37. 异柠檬酸脱氢酶的变构激活剂是 （　　　）
    A. AMP 　　　　B. ADP 　　　　C. ATP 　　　　D. GTP

38. 三羧酸循环中底物水平磷酸化产生的高能化合物是 （　　　）
    A. GTP 　　　　B. ATP 　　　　C. TTP 　　　　D. UTP

39. 三羧酸循环中催化 β 氧化脱羧反应的酶是 （　　　）
    A. 柠檬酸合成酶 　　　　　　　B. 苹果酸脱氢酶
    C. 异柠檬酸脱氢酶 　　　　　　D. α-酮戊二酸脱氢酶复合体

40. 丙酮酸脱氢酶复合体存在于细胞的 （　　　）
    A. 胞液 　　　　B. 线粒体 　　　　C. 微粒体 　　　　D. 核蛋白体

41. 1 分子葡萄糖经过有氧氧化彻底分解成 CO_2 和 H_2O 的同时净生成（　　）

  A. 2～3 分子 ATP   B. 6～8 分子 ATP

  C. 12～15 分子 ATP   D. 36～38 分子 ATP

42. 三羧酸循环又称（　　）

  A. Pasteur 循环   B. Cori 循环

  C. Krebs 循环   D. Warburg 循环

43. 下列关于三羧酸循环的叙述，错误的是（　　）

  A. 每次循环消耗一个乙酰基

  B. 每次循环有 4 次脱氢、2 次脱羧

  C. 每次循环有 2 次底物水平磷酸化

  D. 每次循环生成 12 分子 ATP

44. 丙二酸是下列哪种酶的竞争性抑制剂？（　　）

  A. 丙酮酸脱氢酶   B. 琥珀酸脱氢酶

  C. 异柠檬酸脱氢酶   D. α-酮戊二酸脱氢酶

45. 三羧酸循环主要在细胞的哪一部位进行？（　　）

  A. 胞液   B. 细胞核   C. 微粒体   D. 线粒体

46. 磷酸戊糖途径主要是（　　）

  A. 生成 $NADPH+H^+$ 供合成代谢需要

  B. 葡萄糖氧化供能的途径

  C. 饥饿时此途径增强

  D. 体内 CO_2 生成的主要来源

47. 磷酸戊糖途径是在哪个亚细胞部位进行？（　　）

  A. 胞液中   B. 线粒体   C. 微粒体   D. 高尔基体

48. 下列哪种物质不是磷酸戊糖途径第一阶段的产物？（　　）

  A. 5-磷酸核酮糖   B. 5-磷酸核糖

  C. $NADPH+H^+$ D. H_2O

49. 5-磷酸核酮糖与 5-磷酸木酮糖互为转化的酶是（　　）

  A. 磷酸核糖异构酶   B. 转醛醇酶

  C. 转酮醇酶   D. 差向异构酶

50. 磷酸戊糖途径主要的生理功能是（　　）

  A. 为机体提供大量 $NADH+H^+$

  B. 为机体提供大量 $NADPH+H^+$

  C. 生成 6-磷酸葡萄糖

  D. 生成 3-磷酸甘油醛

51. 由于红细胞中的还原型谷胱甘肽不足，而易引起贫血是缺乏（　　）

    A. 葡萄糖激酶   B. 葡萄糖-6-磷酸酶

    C. 6-磷酸葡萄糖脱氢酶   D. 磷酸果糖激酶

52. 6-磷酸葡萄糖脱氢酶催化的反应中直接受氢体是（　　）

    A. NAD^+ B. $NADP^+$ C. FAD   D. FMN

53. 葡萄糖合成糖原时的活性形式是（　　）

    A. 1-磷酸葡萄糖   B. 6-磷酸葡萄糖

    C. UDPG   D. CDPG

54. 糖原合成是耗能过程，每增加一个葡萄糖基需消耗 ATP 的分子数为（　　）

    A. 1   B. 2   C. 3   D. 4

55. 下列关于糖原磷酸化酶调节的叙述，错误的是（　　）

    A. 通过变构调节改变酶的活性

    B. 通过共价修饰改变酶的活性

    C. 存在有活性和无活性两种状态

    D. 葡萄糖浓度高时可使磷酸化酶变构激活

56. 下列关于糖原合成酶调节的叙述，正确的是（　　）

    A. 糖原合成酶无共价修饰调节

    B. 受磷蛋白磷酸酶-1 作用而失活

    C. 在蛋白激酶 A 的催化下活性降低

    D. 肾上腺素促进糖原的合成

57. 肝糖原分解能直接补充血糖是因为肝脏含有（　　）

    A. 磷酸化酶   B. 磷酸葡萄糖变位酶

    C. 葡萄糖激酶   D. 葡萄糖-6-磷酸酶

58. 肌肉内糖原磷酸化酶的变构激活剂是（　　）

    A. ATP   B. ADP   C. AMP   D. GTP

59. 下列关于糖原合成的叙述，错误的是（　　）

    A. 葡萄糖的直接供体是 UDPG

    B. 从 1-磷酸葡萄糖合成糖原不消耗高能磷酸键

    C. 新加上的葡萄糖基连于糖原引物非还原端

    D. 新加上的葡萄糖基以 α-1,4-糖苷键连于糖原引物上

60. 在糖原合成与分解代谢中都起作用的酶是（　　）

    A. 异构酶   B. 变位酶   C. 脱支酶   D. 磷酸化酶

二、填空题

1. 糖类是具有_____结构的一大类化合物。根据其分子大小可分

为_____、_____和_____三大类。

2. 判断一个糖的 D 型和 L 型是以_____碳原子上羟基的位置作依据。

3. 糖类物质的主要生物学作用为_____、_____、_____。

4. 糖苷是指糖的_____和醇、酚等化合物失水而形成的缩醛（或缩酮）等形式的化合物。

5. 蔗糖由一分子_____和一分子_____组成，它们之间通过_____糖苷键相连。

6. 麦芽糖由两分子_____组成，它们之间通过_____糖苷键相连。

7. 乳糖由一分子_____和一分子_____组成，它们之间通过_____糖苷键相连。

8. 糖原和支链淀粉在结构上很相似，都由许多_____组成，它们之间通过_____和_____二种糖苷键相连。二者在结构上的主要差别在于糖原分子比支链淀粉_____、_____和_____。

9. 纤维素由_____组成，它们之间通过_____糖苷键相连。

10. 直链淀粉的构象为_____，纤维素的构象为_____。

11. 人血液中含量最丰富的糖是_____，肝脏中含量最丰富的糖是_____，肌肉中含量最丰富的糖是_____。

12. 鉴别糖的普通方法为_____试验。

13. 脂多糖一般由_____、_____和_____三部分组成。

14. 糖肽的主要连接键有_____和_____。

15. 直链淀粉遇碘呈_____色，支链淀粉遇碘呈_____色、糖原遇碘呈_____色。

16. 葡萄糖在体内的主要分解代谢途径有_____、_____和_____。

17. 糖酵解反应的进行亚细胞定位是在_____，最终产物为_____。

18. 糖酵解途径中仅有的脱氢反应是在_____酶催化下完成的，受氢体是_____。两个底物水平磷酸化反应分别由_____酶和_____酶催化。

19. 肝糖原酵解的关键酶分别是_____、_____和丙酮酸激酶。

20. 6-磷酸果糖激酶-1 最强的变构激活剂是_____，是由 6-磷酸果糖激酶-2 催化生成，该酶是一双功能酶同时具有_____和_____两种活性。

21. 1 分子葡萄糖经糖酵解生成_____分子 ATP，净生成_____分子 ATP，其主要生理意义在于_____。

22. 成熟红细胞没有_____，完全依赖_____供给能量。

23. 丙酮酸脱氢酶复合体含有维生素_____、_____、_____、_____和_____。

24. 三羧酸循环是由_____与_____缩合成柠檬酸开始，每循环一次有_____次脱氢、_____次脱羧和_____次底物水平磷酸化，共生成_____分子 ATP。

25. 在三羧酸循环中催化氧化脱羧的酶分别是_____和_____。

26. 糖有氧氧化反应的进行亚细胞定位是_____和_____，1 分子葡萄糖氧化成 CO_2 和 H_2O 的过程中净生成_____或_____分子 ATP。

27. 6-磷酸果糖激酶-1 有两个 ATP 结合位点，一个是_____，ATP 作为底物结合；另一个是_____，与 ATP 亲和能力较低，需较高浓度 ATP 才能与之结合。

28. 人体主要通过_____途径，为核酸的生物合成提供_____。

29. 糖原合成与分解的关键酶分别是_____和_____。在糖原分解代谢时肝主要受_____的调控，而肌肉主要受_____的调控。

30. 因肝脏含有_____酶，故能使糖原分解成葡萄糖，而肌肉中缺乏此酶，故肌糖原分解增强时，生成_____增多。

31. 糖异生主要器官是_____，其次是_____。

32. 糖异生的主要原料为_____、_____和_____。

33. 糖异生过程中的关键酶分别是_____、_____和_____。

34. 调节血糖最主要的激素分别是_____和_____。

35. 在饥饿状态下，维持血糖浓度恒定的主要代谢途径是_____。

三、名词解释

1. 糖酵解（glycolysis）

2. 糖的有氧氧化（aerobic oxidation of sugar）

3. 磷酸戊糖途径（pentose phosphate pathway）

4. 糖异生（gluconeogenesis）

5. 糖原的合成与分解（synthesis and decomposition of glycogen）

6. 三羧酸循环（Krebs 循环）（tricarboxylic acid cycle）

7. 巴斯德效应（Pasteur 效应）（Pasteur effect）

8. 丙酮酸羧化支路（pyruvate carboxylation branch）

9. 乳酸循环（Cori 循环）（lactic acid cycle）

10. 三碳途径（three‐carbon pathway）

11. 糖原累积症（glycogen accumulation）

12. 糖酵解途径（glycolysis pathway）

13. 血糖（blood sugar）

14. 高血糖（hyperglycemia）

15. 低血糖（hypoglycemia）

16. 肾糖阈（renal glucose threshold）

17. 糖尿病（diabetes）

18. 低血糖休克（hypoglycemic shock）

19. 活性葡萄糖（active glucose）

20. 底物循环（substrate circulation）

四、判断题

1. 在高等植物体内蔗糖酶既可催化蔗糖的合成，又催化蔗糖的分解。
（　　）

2. 剧烈运动后肌肉发酸是由于丙酮酸被还原为乳酸。（　　）

3. 在有氧条件下，柠檬酸能变构抑制磷酸果糖激酶。（　　）

4. 糖酵解过程在有氧和无氧条件下都能进行。（　　）

5. 由于大量 NADH＋H$^+$ 存在，虽然有足够的氧，但乳酸仍可形成。
（　　）

6. 糖酵解过程中，因葡萄糖和果糖的活化都需要 ATP，故 ATP 浓度高时，糖酵解速度加快。（　　）

7. 在缺氧条件下，丙酮酸还原为乳酸的意义之一是使 NAD$^+$ 再生。
（　　）

8. 在生物体内 NADH＋H$^+$ 和 NADPH＋H$^+$ 的生理生化作用是相同的。
（　　）

9. HMP 途径的主要功能是提供能量。（　　）

10. TCA 中底物水平磷酸化直接生成的是 ATP。（　　）

11. 三羧酸循环中的酶本质上都是氧化酶。（　　）

12. 糖酵解是将葡萄糖氧化为 CO_2 和 H_2O 的途径。（　　）

13. 三羧酸循环提供大量能量是因为经底物水平磷酸化直接生成 ATP。（　　）

14. 糖的有氧分解是能量的主要来源，因此糖分解代谢愈旺盛，对生物体愈有利。（　　）

15. 三羧酸循环被认为是需氧途径，因为氧在循环中是一些反应的底物。（　　）

16. 甘油不能作为糖异生作用的前体。（　　）

17. 在丙酮酸经糖异生作用代谢中，不会产生 NAD^+。（　　）

18. 糖酵解中重要的调节酶是磷酸果糖激酶。（　　）

五、简答题

1. 简述糖酵解的生理意义。
2. 简述三羧酸循环的特点及生理意义。
3. 乳酸循环是如何形成的，其生理意义是什么？
4. 简述 6-磷酸葡萄糖的来源、去路及在糖代谢中的作用。

六、论述题

1. 试比较糖酵解与糖有氧氧化有何不同。
2. 试述磷酸戊糖途径的生理意义。
3. 试述机体如何调节糖酵解及糖异生途径。
4. 试述机体调节糖原合成与分解的分子机制。
5. 试述丙氨酸如何异生为葡萄糖。
6. 试述胰高血糖素调节血糖水平的分子机制。

巩固提高

1. 丙酮酸羧化酶催化丙酮酸转变为草酰乙酸。但是，只有在乙酰 CoA 存在时，它才表现出较高的活性。乙酰 CoA 的这种活化作用，其生理意义何在？

2. 己糖激酶和柠檬酸合酶的催化都使用了诱导契合机制，试比较它们在使用诱导契合具体机制上的异同。

3. 肝脏和肾脏是调节血糖浓度的主要器官，试比较它们调控血糖浓度的机制有何不同。

4. 磷酸戊糖途径的主要生物学作用是生成 $NADPH+H^+$ 和核糖-5-磷酸。磷酸戊糖途径可以进行灵活调控，改变这两种物质在机体内的相对浓度，分析以下情况时磷酸戊糖途径是如何进行调控以适应机体的需求的：（1）$NADPH+H^+$ 多于核糖-5-磷酸；（2）核糖-5-磷酸多于 $NADPH+H^+$。

知识拓展

1. 有广告声称苹果酸能够减肥，你认为这个广告可信吗？

2. Hans Krebs 在研究 TCA 循环时选择了鸽子的飞翔肌为实验材料，请说明为什么？对你选择实验材料有何启示？

3. 有研究表明，含氟牙膏能有效预防龋齿，请分析其中的生物化学机制。

4. 第二次世界大战结束后，发现有几名驻日美兵，虽然一滴酒没喝，但长期完全处于醉酒的状态，不喝酒也醉酒，请结合所学生物化学知识分析其病因，提供可行的治疗方案。

开放性讨论话题

根据你对个人、家庭、国家面对外部环境变化时如何保持内部稳定和发展的体会和认识，进一步理解糖代谢在细胞内的代谢途径及调控机制，组织器官之间的协调配合与差异，并维持机体血糖水平恒定，由此谈谈你得到的启发。

参考答案

一、单项选择题

1. B　2. C　3. B　4. C　5. C　6. D　7. A　8. D　9. B　10. A　11. C
12. D　13. B　14. D　15. D　16. B　17. C　18. B　19. D　20. D　21. C　22. B
23. D　24. D　25. D　26. D　27. C　28. D　29. C　30. C　31. D　32. B　33. A
34. D　35. C　36. D　37. B　38. A　39. C　40. B　41. D　42. C　43. C　44. B
45. D　46. A　47. A　48. D　49. D　50. B　51. C　52. B　53. C　54. B　55. D
56. C　57. D　58. C　59. B　60. B

二、填空题

1. 多羟基醛或多羟基酮　单糖　低聚糖（寡糖）　多糖

2. 离羟基最远的一个不对称或离半缩醛羟基最远的手性

3. 供能　转化为生命必需的其他物质　充当结构物质

4. 半缩醛（或半缩酮）羟基　5. D-葡萄糖　D-果糖　α,β-1,2-

6. 葡萄糖　α-1,4-　7. D-葡萄糖　D-半乳糖　β-1,4-

8. D-葡萄糖　α-1,4　α-1,6　分支多　链短　结构更紧密

9. D-葡萄糖　β-1,4-　10. 螺旋　带状　11. 葡萄糖　糖原　糖原

12. 莫利希（Molisch）　13. 外层专一性寡糖链　中心多糖链　脂质

14. O-糖苷键　N-糖苷键　15. 蓝　紫　红（红褐）

16. 糖酵解　有氧氧化　磷酸戊糖途径　17. 胞浆　乳酸

18. 3-磷酸甘油醛脱氢　NAD^+　磷酸甘油酸激　丙酮酸激

19. 磷酸化酶　6-磷酸果糖激酶-1

20. 2,6-二磷酸果糖　磷酸果糖激酶-2　果糖二磷酸酶-2

21. 4　2　迅速提供能量　22. 线粒体　糖酵解

23. B_1　硫辛酸　泛酸　维生素 B_2　维生素 PP

24. 草酰乙酸　乙酰 CoA　4　2　1　12

25. 异柠檬酸脱氢酶　α-酮戊二酸脱氢酶复合体

26. 胞浆　线粒体　36　38

27. 活性中心内的催化部位　活性中心外的与变构效应剂结合的部位

28. 磷酸戊糖　核糖　29. 糖原合酶　磷酸化酶　胰高血糖素　肾上腺素

30. 葡萄糖-6-磷酸　乳酸　31. 肝脏　肾脏　32. 乳酸　甘油　氨基酸

33. 丙酮酸羧化酶　磷酸烯醇式丙酮酸羧激酶　果糖二磷酸酶-1　葡萄糖-6-磷酸酶

34. 胰岛素　胰高血糖素　35. 糖异生

三、名词解释

1. 糖酵解（glycolysis）：缺氧情况下，葡萄糖分解生成乳酸的过程。

2. 糖的有氧氧化（aerobic oxidation of sugar）：葡萄糖在有氧条件下彻底氧化生成 CO_2 和 H_2O 的反应过程。

3. 磷酸戊糖途径（pentose phosphate pathway）：6-磷酸葡萄糖经氧化反应和一系列基团转移反应，生成 CO_2、NADPH、磷酸核糖、6-磷酸果糖和3-磷酸甘油醛而进入糖酵解途径，称为磷酸戊糖途径（或称磷酸戊糖旁路）。

4. 糖异生（gluconeogenesis）：由非糖物质乳酸、甘油、氨基酸等转变为葡萄糖或糖原的过程称为糖异生。

5. 糖原的合成与分解（synthesis and decomposition of glycogen）：由单糖（葡萄糖、果糖、半乳糖等）合成糖原的过程称为糖原的合成。由糖原分解为1-磷酸葡萄糖、6-磷酸葡萄糖，最后分解为葡萄糖的过程称为糖原的分解。

6. 三羧酸循环（Krebs 循环）（tricarboxylic acid cycle）：由草酰乙酸和乙酰 CoA 缩合成柠檬酸开始，经反复脱氢、脱羧再生成草酰乙酸的循环反应过程称为三羧酸循环。由于 Krebs 正式提出三羧酸循环，故此循环又称 Krebs 循环。

7. 巴斯德效应（Pasteur 效应）（Pasteur effect）：有氧氧化抑制糖酵解的现象称为巴斯德效应。

8. 丙酮酸羧化支路（pyruvate carboxylation branch）：丙酮酸在丙酮酸羧化酶催化下生成草酰乙酸，后经磷酸烯醇式丙酮酸羧激酶催化生成磷酸烯醇式丙酮酸的过程，称为丙酮酸羧化支路。

9. 乳酸循环（Cori 循环）（lactic acid cycle）：肌肉收缩时经酵解产生乳酸，通过血液运输至肝脏，在肝脏异生成葡萄糖进入血液，又可被肌肉摄取利用，称为乳酸循环。

10. 三碳途径（three‑carbon pathway）：葡萄糖先分解成丙酮酸、乳酸等三碳化合物，再运往肝脏，在肝脏异生为糖原称为三碳途径或称合成糖原的间接途径。

11. 糖原累积症（glycogen accumulation）：由于先天性缺乏与糖原代谢有关的酶类，使体内某些器官、组织中大量糖原堆积而引起的一类遗传性疾病，称糖原累积症。

12. 糖酵解途径（glycolysis pathway）：葡萄糖分解生成丙酮酸的过程称为糖酵解途径。是有氧氧化和糖酵解共有的过程。

13. 血糖（blood sugar）：血液中的葡萄糖称为血糖，其正常值为 3.89～6.11 mmol/L（70～110 mg/dL）。

14. 高血糖（hyperglycemia）：空腹状态下血糖浓度持续高于 7.22 mmol/L（130 mg/d L）为高血糖。

15. 低血糖（hypoglycemia）：空腹血糖浓度低于 3.89 mmol/L（70 mg/dL）为低血糖。

16. 肾糖阈（renal glucose threshold）：当血糖浓度高于 8.89～10.00 mmol/L，超过了肾小管重吸收能力时糖即随尿排出，这一血糖水平称为肾糖阈。

17. 糖尿病（diabetes）：由于胰岛素的绝对或相对不足引起血糖升高伴有糖尿的一种代谢性疾病，称为糖尿病。

18. 低血糖休克（hypoglycemic shock）：当血糖水平过低时，就会影响脑细胞功能，从而出现头晕、倦怠无力、心悸等，严重时出现昏迷，称为低血糖休克。

19. 活性葡萄糖（active glucose）：在葡萄糖合成糖原过程中，UDPG 称为活性葡萄糖，在体内作为葡萄糖的供体。

20. 底物循环（substrate circulation）：在体内代谢过程中由催化单方向反应的酶，催化两个底物互变的循环称为底物循环。

四、判断题

1. ×　2. √　3. √　4. √　5. ×　6. ×　7. √　8. ×　9. ×　10. ×
11. ×　12. ×　13. ×　14. ×　15. ×　16. ×　17. ×　18. √

五、简答题

1. 答：

糖酵解的生理意义是：①迅速提供能量。这对肌肉收缩更为重要，当机体缺氧或剧烈运动肌肉局部血流不足时，能量主要通过糖酵解获得。②是某些组织获能的必要途径，如神经、白细胞、骨髓等组织，即使在有氧时也进行强烈的糖酵解而获得能量。③成熟的红细胞无线粒体，仅靠糖酵解供给能量。

2. 答：

三羧酸循环的反应特点：①三羧酸循环是从草酰乙酸和乙酰 CoA 缩合成柠檬酸开始，每循环一次消耗 1 分子乙酰基。反应过程中有 4 次脱氢（3 分子 $NADH+H^+$、1 分子 $FADH_2$）、2 次脱羧、1 次底物水平磷酸化，产生 12 分子 ATP。②三羧酸循环在线粒体进行，有三个催化不可逆反应的关键酶，分别是异柠檬酸脱氢酶、α-酮戊二酸脱氢酶复合体、柠檬酸合成酶。③三羧酸循环的中间产物包括草酰乙酸，其在循环中起催化剂作用，不会因参与循环而被消耗，但可以参与其他代谢而被消耗，因此草酰乙酸必须及时地补充（可由丙酮酸羧化或苹果酸脱氢生成）才保证三羧酸循环的进行。

三羧酸循环的生理意义：①三羧酸循环是三大营养素（糖、脂肪、蛋白质）在体内彻底氧化的最终代谢通路。②三羧酸循环是三大营养素互相转变的枢纽。③为其他物质合成提供小分子前体物质，为氧化磷酸化提供还原当量。

3. 答：

乳酸循环的形成是由肝脏和肌肉组织中酶的特点所致。肝内糖异生活跃，又有葡萄糖-6-磷酸酶水解 6-磷酸葡萄糖生成葡萄糖；而肌肉中除糖异生活性很低外还缺乏葡萄糖-6-磷酸酶，肌肉中生成的乳酸既不能异生为糖，又不能释放出葡萄糖。但肌肉内酵解生成的乳酸通过细胞膜弥散进入血液运输至肝，在肝内异生为葡萄糖再释放入血液又可被肌肉摄取利用，这样就构成乳酸循环。其生理意义在于避免损失乳酸以及防止因乳酸堆积而引起酸中毒。

4. 答：

6-磷酸葡萄糖的来源：①糖的分解途径，葡萄糖在己糖激酶或葡萄糖激酶的催化下磷酸化生成 6-磷酸葡萄糖。②糖原的分解，在磷酸化酶催化下糖原分解成 1-磷酸葡萄糖后转变为 6-磷酸葡萄糖。③糖异生，由非糖物质乳酸、甘油、氨基酸异生为 6-磷酸果糖，异构为 6-磷酸葡萄糖。

6-磷酸葡萄糖的去路：①进行酵解生成乳酸。②进行有氧氧化彻底分解生成 CO_2 和 H_2O，释放出能量。③在磷酸葡萄糖变位酶催化下转变成 1-磷酸葡萄糖，去合成糖原。④在肝葡萄糖-6-磷酸酶的催化下脱磷酸重新生成葡萄糖。⑤经 6-磷酸葡萄糖脱氢酶催化进入磷酸戊糖途径，生成 5-磷酸核糖和 NADPH。

总之 6-磷酸葡萄糖是糖酵解、有氧氧化、糖异生、磷酸戊糖途径以及糖原合成与分解的共同中间产物，是各代谢途径的交叉点。如果体内己糖激酶（葡萄糖激酶）或磷酸葡萄糖变位酶活性低，生成的 6-磷酸葡萄糖减少，以上各代谢途径则不能顺利进行。当然各途径中的关键酶活性的强弱也会决定 6 - 磷酸葡萄糖的代谢去向。

六、论述题

1. 答:

糖酵解与有氧氧化的不同

	糖酵解	有氧氧化
反应条件	缺氧	有氧
进行部位	胞液	胞液和线粒体
关键酶	己糖激酶（葡萄糖激酶）、磷酸果糖激酶-1、丙酮酸激酶	除糖酵解途径中 3 个关键酶外还有丙酮酸脱氢酶复合体、柠檬酸合成酶、异柠檬酸脱氢酶、α-酮戊二酸脱氢酶复合体
产能方式	底物水平磷酸化	底物水平磷酸化和氧化磷酸化
终产物	乳酸	CO_2 和 H_2O
产生能量	少（1 分子葡萄糖经糖酵解净产生 2 分子 ATP）	多（1 分子葡萄糖有氧氧化净产生 36 或 38 分子 ATP）
生理意义	迅速提供能量；某些组织机体获得能量的主要方式	三大营养物质最终代谢通路；三大营养物质相互转变的联系枢纽；为其他合成代谢提供前体物质；是机体供能主要方式

2. 答:

磷酸戊糖途径的生理意义：①提供 5 - 磷酸核糖作为体内合成各种核苷酸及核酸的原料。②提供细胞代谢所需的还原性辅酶Ⅱ（即 $NADPH + H^+$）。

$NADPH + H^+$ 的功用：①作为供氢体在脂肪酸、胆固醇等生物合成中供氢。②作为谷胱甘肽（GSH）还原酶的辅酶维持细胞中还原性 GSH 的含量，从而对维持细胞尤其是红细胞膜的完整性有重要作用。③参与体内生物转化作用。

3. 答:

糖酵解和糖异生途径是方向相反的两条代谢途径。若机体需要时糖酵解途径增强，则糖异生途径受到抑制。而在空腹或饥饿状态下糖异生作用增强，抑制了糖酵解。这种协调作用依赖于变构效应剂对两条途径中关键酶的相反作用及激素的调节作用。

（1）变构效应剂的调节作用。①AMP 及 2,6 - 双磷酸果糖激活 6 - 磷酸果糖激酶-1，而抑制果糖二磷酸酶-1。②ATP 及柠檬酸激活果糖二磷酸酶-1，而抑制 6 - 磷酸果糖激酶-1。③ATP 激活丙酮酸羧化酶，而抑制丙酮酸激酶。④乙酰 CoA 激活丙酮酸羧化酶，而抑制丙酮酸脱氢酶复合体。

（2）激素的调节。胰岛素能增强糖酵解的关键酶如己糖激酶、6-磷酸果糖激酶-1、丙酮酸激酶等活性，同时抑制糖异生关键酶的活性。胰高血糖素能抑制 2,6-二磷酸果糖的生成及丙酮酸激酶的活性，并能诱导磷酸烯醇式丙酮酸羧激酶基因表达，使酶合成增多。因而促进糖异生，抑制糖酵解。

4. 答：

糖原合成与分解的限速酶分别是糖原合酶和磷酸化酶，既可进行变构调节，又可进行共价修饰。均具有活性和无活性两种形式。磷酸化酶有 a、b 两种形式，a 是有活性的磷酸型，b 是无活性的去磷酸型。磷酸化酶 b 激酶催化磷酸化酶 b 转变成磷酸化酶 a；磷蛋白磷酸酶则水解磷酸化酶 a 上的磷酸基转变为磷酸化酶 b。糖原合酶亦有 a、b 两型，与磷酸化酶相反，a 为去磷酸型有活性，b 为磷酸型无活性，二者在蛋白激酶和磷蛋白磷酸酶的催化下互变。机体各种调节因素一般都是通过改变这两种酶的活性状态，从而实现对糖原的合成与分解的调节作用。其调节方式是通过同一个信号使一个酶处于活性状态，而另一个酶处于非活性状态。如胰高血糖素、肾上腺素能激活腺苷酸环化酶，使 ATP 转变为 cAMP，后者激活蛋白激酶，使糖原合酶磷酸化而活性降低，同时蛋白激酶又使磷酸化酶 b 激酶磷酸化而有活性，催化磷酸化酶 b 磷酸化为磷酸化酶 a，其结果是促进糖原分解，抑制糖原合成，使血糖升高。此外，葡萄糖是磷酸化酶的变构调节剂，当血糖浓度升高时葡萄糖与磷酸化酶 a 变构部位结合，构象改变暴露出磷酸化的第 14 位丝氨酸，其在磷蛋白磷酸酶催化下脱磷酸而失活。因此，当血糖浓度升高时，降低肝糖原的分解。

5. 答：

丙氨酸异生为糖反应如下：①丙氨酸在谷丙转氨酶催化下转氨基生成丙酮酸。②在线粒体内丙酮酸羧化酶催化下丙酮酸羧化成草酰乙酸，后者经苹果酸脱氢酶作用还原成苹果酸，通过线粒体内膜进入胞液，再由胞液中的苹果酸脱氢酶将其氧化为草酰乙酸，后经磷酸烯醇式丙酮酸羧激酶催化生成磷酸烯醇式丙酮酸。③磷酸烯醇式丙酮酸循糖酵解途径逆向生成 1,6-二磷酸果糖，后经果糖二磷酸酶-1 催化脱磷酸生成 6-磷酸果糖，异构为 6-磷酸葡萄糖。④6-磷酸葡萄糖由葡萄糖-6-磷酸酶催化生成葡萄糖。

6. 答：

胰高血糖素主要通过促进肝脏和肌肉糖原的分解，抑制糖原的合成，从而使血糖水平升高。其分子机制如下：当胰高血糖素与肝及肌细胞膜的特异受体结合后，活化的受体促使 G 蛋白与 GDP 解离并结合 GTP，释放出有活性的 α_s-GTP，α_s-GTP 激活腺苷酸环化酶使 ATP 脱去焦磷酸生成 cAMP。cAMP 又激活依赖 cAMP 的蛋白激酶 A，有活性的蛋白激酶 A 可使细胞中的许多酶和功能蛋白磷酸化产生生理效应。

（1）蛋白激酶 A 使糖原合成酶磷酸化而转变成无活性，使糖原合成降低，导致血糖升高。

（2）蛋白激酶 A 激活磷酸化酶 b 激酶，磷酸化酶 b 激酶又催化磷酸化酶 b 磷酸化为有活性的磷酸化酶 a，促进糖原的分解，使血糖升高。

（3）蛋白激酶 A 还可激活磷蛋白磷酸酶抑制剂，后者与磷酸酶-1 结合抑制其活性，使糖原合成酶 b 及磷酸化酶 a 不能脱磷酸，磷酸化酶处于高活性状态，糖原合成酶处于无活性状态，使糖原合成降低、分解增强，导致血糖升高。

（4）cAMP-蛋白激酶系统可通过改变糖代谢中关键酶的活性调节血糖水平。如：丙酮酸激酶磷酸化失活，抑制 2,6-二磷酸果糖的合成，使 6-磷酸果糖激酶-1 活性降低，糖的分解减慢。诱导磷酸烯醇式丙酮酸羧激酶基因表达，使酶的合成增多，糖异生作用增强。

巩固提高

1. 答：

当乙酰 CoA 的生成速度大于其进入三羧酸循环的速度时，乙酰 CoA 就会积累。积累的乙酰 CoA 可以激活丙酮酸羧化酶，使丙酮酸直接转化为草酰乙酸。新合成的草酰乙酸既可以进入三羧酸循环，也可以进入糖异生途径。当细胞内能荷较高时，草酰乙酸主要进入糖异生途径，这样不断消耗丙酮酸，控制了乙酰 CoA 的来源。当细胞内能荷较低时，草酰乙酸进入三羧酸循环，草酰乙酸增多加快了乙酰 CoA 进入三羧酸循环的速度。所以不管草酰乙酸的去向如何，最终效应都是使体内的乙酰 CoA 趋于平衡。

2. 答：

己糖激酶只用了一次诱导契合，目的是将水分子赶出活性中心，而柠檬酸合酶先后使用两次诱导契合，水分子本身就是柠檬酸合酶的底物，因此不需要将其赶出活性中心。

3. 答：

肝脏主要通过促进葡萄糖的生成和利用，调节血糖浓度。餐后血糖浓度升高，肝脏利用血糖合成肝糖原，维持血糖浓度的恒定；在空腹、饥饿或禁食情况下，肝糖原分解，同时，糖异生作用增强，促进非糖物质转变为葡萄糖，生成的葡萄糖进入血液，提升血糖的浓度。肾脏主要通过调控葡萄糖的重吸收或排泄，调节血糖水平。肾糖阈指尿中开始出现葡萄糖时的最低血糖浓度。当血糖浓度低于肾糖阈时，肾小管能重吸收肾小球滤液中的绝大部分葡萄糖回血液。当血糖浓度超过肾糖阈时，葡萄糖随尿液排出并出现糖尿。

4. 答：

（1）细胞（如脂肪细胞）需要更多的 NADPH＋H$^+$ 以进行生物合成，核糖-5-磷酸通过磷酸戊糖途径转变为糖酵解的中间产物，包括甘油醛-3-磷酸和6-磷酸果糖，从而生成更多的6-磷酸葡萄糖进入磷酸戊糖途径，合成更多的 $NADPH+H^+$。

（2）快速分裂的细胞需要更多的核糖-5-磷酸，因此磷酸戊糖途径的非氧化反应，可以将甘油醛-3-磷酸和6-磷酸果糖合成核糖-5-磷酸，6-磷酸葡萄糖通过转变为6-磷酸果糖而大量消耗，减少了 NADPH 的产生量。

第六章 生物氧化

学习目标

1. 重点掌握生成 ATP 的氧化体系和其他生物氧化体系，包括 NADH 呼吸链和 $FADH_2$ 呼吸链的反应过程，电子传递抑制剂如 CN、CO 的作用原理，氧化磷酸化、底物水平磷酸化、解偶联、高能化合物的概念。

2. 重点掌握其他生物氧化体系。

3. 了解生物能学的一般原理和知识。

重点难点

1. 生物氧化的概念、特点和方式；氧化还原电位及自由能；高能磷酸化合物；电子传递链的组成及其功能；电子传递链及其传递体的排列顺序。

2. 电子传递体复合物的组成；电子传递抑制剂；氧化磷酸化的概念及类型；氧化磷酸化的细胞结构基础；氧化磷酸化的偶联部位和磷氧比（P/O）。

主要知识点

第一部分 生物能量学（自由能）

1. 生物能学（bioenergetics）

也称为生化热力学（biochemical thermodynamics），它专门研究生命系统内能量转换和交流的基本规律。

2. 自由能

自由能表示恒温恒压下，一个反应体系能做有用功的最大能。综合热力学第一定律和第二定律即可得出以下方程：

$$G=H-T\cdot S$$

式中，G 为系统的自由能；S 为系统的熵；H 为系统的总热能；T 为系统的绝对温度。

上述方程适合任何系统。在恒温、恒压条件下，可衍生出 Gibbs – Helm-holtz 方程：

$$\Delta G = \Delta H - T\Delta S$$

式中，ΔG 为自由能的变化；ΔH 为总热能的变化；ΔS 为熵的变化；T 仍然是绝对温度。

如果 $\Delta G = 0$，则反应处于平衡状态，反应物和产物的浓度维持不变。

如果 $\Delta G > 0$，则此反应不能自发进行，除非向此反应提供能量，因此该反应为需能反应。

假定一个反应 C→D，$\Delta G_2 = G_D - G_C > 0$，则此反应不能自发进行，但如果此反应通过某种机制与另外一个 $\Delta G_1 = G_B - G_A < 0$ 的 A→B 反应偶联在一起，而且总的自由能变化 $\Delta G = \Delta G_1 + \Delta G_2 < 0$，则 C→D 的反应照样可以自发进行，在这里第二个反应释放出的能量被用来驱动第一个反应。

3. 细胞内的偶联反应

在生物体内，有两种偶联机制：

第一种机制是通过一个共同的代谢中间物来实现，反应式可简写为：A+C→I→B+D。

第二种机制是通过特殊的高能生物分子（high – energy biomolecules）进行：其中在第一个反应释放出的自由能中，有一部分转变为高能生物分子（如ATP）中的化学势能贮存起来，而第二个反应的进行则由第一个反应形成的高能生物分子来驱动。细胞内有很多这样的例子，一般情况是细胞内的分解代谢产生生物高能分子，合成反应则利用这些高能生物分子。

第二部分　生物氧化概述

生物体内发生的各种氧化反应统称为生物氧化（biological oxidation）。

1. 生物氧化的特点

与体外发生的非生物氧化的共同点：反应的本质都是脱氢、失电子或加氧；被氧化的物质相同，终产物和释放的能量也相同。

与非生物氧化的不同点：生物氧化的主要方式为脱氢；生物氧化是在酶的催化下进行，因此条件比较温和；生物氧化是在一系列酶、辅酶或辅基和电子传递体的作用下逐步进行的，每一步释放一部分能量。

生物氧化所具有的这些特征的优点在于，既可以防止能量的骤然释放而损害有机体，又可以让机体更好地捕获能量合成 ATP，还方便了机体对其进行调控。

（1）二氧化碳的生成。在需氧生物体内，电子的最终受体为氧气，糖类、脂肪和蛋白质等代谢物经生物氧化的终产物均为水和二氧化碳,其中二氧化碳由生物氧化中形成的含有羧基的中间物经脱羧反应产生。

(2)水的生成。水的形成比较复杂,一般是由代谢物脱下来的氢经电子传递体先形成质子,失去的电子经一系列电子传递体传给氧气形成氧负离子,最后质子与氧负离子结合生成水。

2. 两条主要的呼吸链

(1)概念。生物氧化过程中,从代谢物脱下来的高能电子需要经过一系列中间传递体,最后传给末端的电子受体(terminal electron acceptor),其间能量逐步释放。这种由一系列电子传递体构成的链状复合体称为电子传递体系(electron transport system,ETS),或者简称为呼吸链(respiratory chain)。需氧生物和厌氧生物都有呼吸链,它们在呼吸链上的主要差别在于最终的电子受体。

(2)组成及排列顺序。按照最初的电子来源,呼吸链一般可分为 NADH 呼吸链和 $FADH_2$ 呼吸链。两类呼吸链都定位在膜上,原核细胞是细胞膜,真核细胞是线粒体内膜。呼吸链的主要功能是通过与氧化磷酸化的偶联产生 ATP。

NADH 呼吸链由复合体Ⅰ、Ⅲ、Ⅳ以及两种流动的电子传递体 CoQ 和细胞色素 c 共同组成,$FADH_2$ 呼吸链则由复合体Ⅱ、Ⅲ、Ⅳ以及同样的两种流动的电子传递体共同组成。CoQ 在复合体Ⅰ和Ⅲ或复合体Ⅱ和Ⅲ之间传递电子,细胞色素 c 在复合体Ⅲ和Ⅳ之间传递电子。电子到达每一个复合体以后,先沿着内部的环路进行传递,再通过流动的电子传递体传给下一个复合体。

NADH 呼吸链电子传递的方向是:复合体Ⅰ→CoQ→复合体Ⅲ→细胞色素 c→复合体Ⅳ→O_2(NADH→复合体Ⅰ→CoQ→Cyt b→Fe - S→Cyt c_1→Cyt c→Cyt aa_3→O_2)。

$FADH_2$ 呼吸链电子传递的方向是:复合体Ⅱ→CoQ→复合体Ⅲ→细胞色素 c→复合体Ⅳ→O_2(琥珀酸→复合体Ⅱ→CoQ→Cyt b→Fe - S→Cyt c_1→Cyt c→Cyt aag→O_2)。

(3)呼吸链的抑制作用。呼吸链是一个由各种递氢体和电子传递体按一定的顺序所组成的传递链,因此,只要其中某一个传递体受到抑制,将阻断整个传递链,这就是呼吸链的抑制作用。反应中抑制作用越靠前的抑制剂,抑制作用越大(其后的反应都会受到抑制)。

能够阻断呼吸链中某部位的电子传递的物质称为电子传递抑制剂,常见的电子传递抑制剂有:①鱼藤酮(rotenone)、阿的平、异戊巴比妥,阻断 NADH→CoQ 的氢和电子传递;②抗霉素 A(antimycin A),阻断电子由 QH2 向 Cyt c_1 传递;③氰化物(cyanide,CN^-),如氰化钾(KCN)、氰化钠

（NaCN）、叠氮化物（azide，N5$^-$）和一氧化碳（CO），阻断 Cyt aa$_3$→O$_2$。

3. 胞液中 NADH 的氧化

线粒体内膜不允许 NADH＋H$^+$ 直接通过，细胞通过 3-磷酸甘油穿梭途径和苹果酸-天冬氨酸穿梭途径间接转运 NADH＋H$^+$ 至线粒体基质（实质是 NADH＋H$^+$ 上的高能电子转移到电子载体上，形成可通过膜的中间物实现穿梭）。3-磷酸甘油穿梭途径的产物是 FADH$_2$（肌肉组织和大脑），苹果酸-天冬氨酸穿梭途径的产物是 NADH＋H$^+$（肝脏、肾脏、心脏）。

第三部分　ATP 的生成

1. ATP 与高能磷酸化合物

（1）概念。高能生物分子简称为高能分子，它是指那些既容易水解又能够在水解之中释放出大量自由能（$\Delta G'_0$ 为极大的负值）的一类分子的总称，以磷酸烯醇式丙酮酸、氨基甲酰磷酸、磷酸肌酸等高能磷酸化合物（high-energy phosphate compound）最为常见。在高能分子水解的时候，被水解断裂的化学键似乎贮存着大量的能量（大于 30.56 kJ/mol），因此有人称此键为高能键（high-energy bond），经常用"～"表示。

（2）能荷。能荷为细胞内三种腺苷酸的比例，能荷＝（[ATP]＋[ADP]/2)/([ATP]＋[ADP]＋[AMP]），能荷高，表明细胞的合成代谢旺盛，分解代谢受阻，反之则相反。

在细胞内，作为能量载体的 ATP 几乎参与所有的生理过程，例如肌肉收缩、生物合成、细胞运动、细胞分裂、主动转运、神经传导等，因此有人称之为通用的"能量货币"（universal energy currency）。

细胞内 ATP 的合成就是 ADP 被磷酸化形成 ATP 的过程，机体内 ATP 的生成方式主要有两种：底物水平磷酸化（substrate-level phosphorylation）、氧化磷酸化（oxidative phosphorylation，OxP）。

2. 底物水平磷酸化

底物分子内部能量重新分布生成高能键，使 ADP 磷酸化生成 ATP 的过程。是无氧条件下获得能量的主要方式。

3. 氧化磷酸化作用

（1）概念。呼吸链的主要功能是通过与氧化磷酸化的偶联产生能量货币 ATP。当电子沿着呼吸链向下游传递的时候，总伴随着自由能的释放，释放的自由能有很大一部分用来驱动 ATP 的合成，这种与电子传递相偶联的合成 ATP 的方式被称为氧化磷酸化。

在正常的情况下，呼吸链上的电子传递与氧化磷酸化是紧密偶联的。这种偶联有两个方面的含义：一是电子在呼吸链上传递的时候必然发生氧化磷酸化；二是只有发生氧化磷酸化，电子才可能在呼吸链上进行传递。正因为如此，一旦呼吸链被阻断，氧化磷酸化就被抑制。同样，氧化磷酸化被抑制，电子也不可能在呼吸链上正常地传递。

氧化磷酸化与呼吸链偶联的假说有化学偶联假说、化学渗透假说和构象偶联假说。目前化学渗透假说被广为接受。

（2）化学渗透假说（chemiosmotic hypothesis）。该假说由 Peter Mitchell 于 1961 年提出，其核心内容是电子在沿着呼吸链向下游传递的时候，释放的自由能先转化为跨线粒体内膜或跨细菌和古菌质膜的质子梯度，随后质子梯度中蕴藏的电化学势能被直接用来驱动 ATP 的合成。质子多的一侧，正电荷多，故称为 P 侧（the positive side）；质子少的一侧，负电荷多，故称为 N 侧（the negative side）。驱动 ATP 合成的质子梯度通常称为质子驱动力（proton motive force，pmf），由化学势能（质子的浓度差）和电势能（内负外正）两部分组成。

（3）ATP 合酶通过构象改变，驱动 ATP 合成。1977 年，Paul D. Boyer 提出了结合变构假说（binding change hypothesis）。该假说能正确地解释 F_1F_0-ATP 合酶的作用机制，并得到了几个关键实验证据的支持。其主要内容是：

① 球形头部 F_1：朝向线粒体基质，由 α_3、β_3、γ、δ、ε 这 5 种亚基组成。α、β 交替排列，其上有核苷酸结合位点，但只有 β 具有催化 ATP 合成/水解的活性。

② F_0：嵌于线粒体内膜的疏水性蛋白复合体，由 a、b、c 3 种亚基组成，是 H^+ 跨线粒体内膜的通道。

结合变构假说可简化为：质子流动→驱动 C 单位转动→带动 γ 亚基转动→诱导 β 亚基构象变化→ATP 释放和重新合成。

（4）磷氧比。氧化磷酸化的效率可以通过测定 P/O 值来确定。P/O 值是指电子传递过程中，每消耗 1 个氧原子所消耗的无机磷酸的分子数。消耗的氧原子数目相当于传递给氧气的电子数的 1/2，消耗的无机磷酸等于氧化磷酸化产生的 ATP。NADH 呼吸链的 P/O 为 2.5；$FADH_2$ 呼吸链的 P/O 为 1.5。即在 NADH 呼吸链中，将一对电子传递给 O，实现了 2.5 次磷酸化反应，而在 $FADH_2$ 呼吸链中只有 1.5 次。

（5）氧化磷酸化调节关键物质。细胞内的氧化磷酸化是受到严格调控的，调控的手段主要是它与电子传递之间的反馈。确切地说是受 ADP 浓度控制，这种由 ADP 对氧化磷酸化的调节被称为呼吸控制。

（6）氧化磷酸化的解偶联。氧化磷酸化与呼吸链通常是紧密偶联的，但低水平的质子泄漏时刻发生在线粒体内膜上。因此，确切地说，线粒体通常是部分解偶联的，而完全的解偶联一般是受解偶联剂（uncoupler）的作用所致。解偶联剂有两类，一类为有机小分子化合物，通常为脂溶性的质子载体，带有酸性基团（如2,4-二硝基苯酚等）；另一类为天然的解偶联蛋白（UCP）。

解偶联剂的作用机制在于它们能够快速地消耗跨膜的质子梯度，使得质子难以通过 F_1F_0-ATP 合酶上的质子通道合成 ATP，从而将贮存在质子梯度之中的电化学势能全部变成了热能。此外，随着质子梯度的消失，电子在呼吸链上的"回流"压力将会减轻，进而可使细胞内脂肪和碳水化合物等物质的生物氧化更加旺盛。表现为体温升高，耗氧增加，P/O 值下降，ATP 生成减少等现象。

第四部分　其他生物氧化体系

生物氧化的酶类包括需氧脱氢酶、不需氧脱氢酶、氧化酶及其他氧化酶。

1. 需氧脱氢酶

催化底物脱氢，将脱掉的氢直接交给分子氧，生成 H_2O_2。多以 FMN 和 FAD 为辅基（黄素酶类），多需金属离子做辅因子。例如黄嘌呤氧化酶、L-氨基酸氧化酶、D-氨基酸氧化酶及醛氧化酶等。具有不被氰化物和 CO 抑制的特点。

2. 不需氧脱氢酶

催化底物脱氢，但脱掉的氢不直接交给分子氧，而是通过呼吸链传递，最终生成水。多以 NAD^+、$NADP^+$ 和 FAD 为辅酶，例如丙酮酸脱氢酶等糖代谢中的脱氢酶，β 氧化中的脱氢酶等。

3. 氧化酶

催化底物脱氢，将电子直接传递给氧，使氧激活成分子氧，生成 H_2O，需要金属离子（Fe^{2+}、Cu^+）做辅因子，例如细胞色素 c 氧化酶，其能被氰化物和 CO 抑制。

4. 其他氧化酶

（1）过氧化氢酶（catalase）和过氧化物酶（peroxidase）存在于过氧化物酶体，辅基含血红素，主要功能为清除 H_2O_2。

（2）加氧酶，包括单加氧酶（羟化物、毒物和类固醇物酶）（monooxygenase、hydroxylase）和双加氧酶（dioxygenase），存在于内质网膜上，前者主要催化脂溶性物质（药物、毒物和类固醇物质）氧化，转化为极性物质排出体外（生物转化），后者通过催化底物分子双键与氧反应，使胡萝卜素转化成维生素 A。

（3）超氧化物歧化酶（清除自由基）和谷胱甘肽过氧化酶（清除 H_2O_2 和过氧化物）。

知识巩固

一、单项选择题

1. 体内 CO_2 来自（　　）

    A. 碳原子被氧原子氧化　　　　　　B. 呼吸链的氧化还原过程

    C. 有机酸的脱羧　　　　　　　　　D. 糖原的分解

2. 线粒体氧化磷酸化解偶联意味着（　　）

    A. 线粒体氧化作用停止

    B. 线粒体膜 ATP 酶被抑制

    C. 线粒体三羧酸循环停止

    D. 线粒体能利用氧，但不能生成 ATP

3. P/O 值是指（　　）

    A. 每消耗一分子氧所消耗的无机磷的分子数

    B. 每消耗一分子氧所消耗的无机磷的克数

    C. 每消耗一个氧原子所消耗的无机磷酸的分子数

    D. 每消耗一分子氧所消耗的无机磷的克分子数

4. 各种细胞色素在呼吸链中传递电子的顺序是（　　）

    A. $a \rightarrow a_3 \rightarrow b \rightarrow c_1 \rightarrow c \rightarrow 1/2O_2$　　　　B. $b \rightarrow a \rightarrow a_3 \rightarrow c_1 \rightarrow c \rightarrow 1/2O_2$

    C. $c_1 \rightarrow c \rightarrow b \rightarrow a \rightarrow a_3 \rightarrow 1/2O_2$　　　　D. $b \rightarrow c_1 \rightarrow c \rightarrow aa_3 \rightarrow 1/2O_2$

5. 细胞色素 b、c_1、c 和 P450 均含辅基（　　）

    A. Fe^{3+}　　　　　　B. 血红素 C　　　C. 血红素 A　　　D. 铁卟啉

6. 下列蛋白质不含血红素的是（　　）

    A. 过氧化氢酶　　　　　　　　　　B. 过氧化物酶

    C. 细胞色素 b　　　　　　　　　　D. 铁硫蛋白

7. 劳动或运动时 ATP 因消耗而大量减少，此时（　　）

    A. ADP 相应增加，ATP/ADP 下降，呼吸随之加快

    B. ADP 相应减少，以维持 ATP/ADP 恢复正常

    C. ADP 大量减少，ATP/ADP 增高，呼吸随之加快

    D. ADP 大量磷酸化以维持 ATP/ADP 不变

8. 人体活动主要的直接供能物质是（　　）

    A. 葡萄糖　　　　　B. ATP　　　　　C. 磷酸肌酸　　　D. GTP

9. 下列属呼吸链中递氢体的是（　　）

    A. 细胞色素　　　B. 尼克酰胺　　　C. 黄素蛋白　　　D. 铁硫蛋白

10. 氰化物中毒时，被抑制的是（　　）

A. Cyt aa$_3$ B. Cyt c$_1$ C. Cyt c   D. Cyt a

11. 肝细胞胞液中的 NADH 进入线粒体的机制是（　　）

    A. 肉碱穿梭   B. 柠檬酸-丙酮酸循环

    C. α-磷酸甘油穿梭   D. 苹果酸-天冬氨酸穿梭

12. ATP 的贮存形式是（　　）

    A. 磷酸烯醇式丙酮酸   B. 磷脂酰肌

    C. 肌酸   D. 磷酸肌酸

13. 下列不属于 NAD$^+$ 性质的是（　　）

    A. 与酶蛋白结合牢固

    B. 尼克酰胺部分可进行可逆地加氢和脱氢

    C. 每次接受一个氢原子和一个电子

    D. 为不需氧脱氢酶的辅酶

14. 下列不属于铁硫蛋白性质的是（　　）

    A. 由 Fe-S 构成活性中心   B. 铁的氧化还原是可逆的

    C. 每次传递一个电子   D. 与辅酶 Q 形成复合物存在

15. 以下关于苹果酸-天冬氨酸穿梭作用的表述中错误的是（　　）

    A. 生成 3 个 ATP

    B. 将线粒体外 NADH 所带的氢转运入线粒体

    C. 苹果酸和草酰乙酸可自由穿过线粒体内膜

    D. 谷氨酸和天冬氨酸可自由穿过线粒体膜

16. 氧化磷酸化的偶联部位不包括（　　）

    A. 复合体Ⅰ   B. 复合体Ⅱ   C. 复合体Ⅲ   D. 复合体Ⅳ

17. 抑制氧化磷酸进行的因素不包括（　　）

    A. CO   B. 氰化物   C. 异戊巴比妥   D. CO$_2$

18. 下列关于解偶联剂的叙述不正确的是（　　）

    A. 可抑制氧化反应   B. 使氧化反应和磷酸反应脱节

    C. 使呼吸加快，耗氧增加   D. 使 ATP 减少

19. 能携带胞液中的 NADH＋H$^+$ 进入线粒体的物质是（　　）

    A. 肉碱   B. 草酰乙酸

    C. α-磷酸甘油   D. 天冬氨酸

二、填空题

1. ATP 的产生有两种方式，一种是_____，另一种是_____。

2. 呼吸链的主要成分为_____、_____、_____、_____和_____。

3. 在氧化的同时，伴有磷酸化的反应，叫作_____，通常可生

成_____。

4. 微粒体中的氧化体系为_____，它与体内_____功能有关。

5. 过氧化物酶催化生成_____，可用于_____。

6. 生物氧化是_____在细胞中_____，同时产生_____的过程。

7. 高能磷酸化合物通常是指水解时释放的自由能_____ kJ/mol 的化合物，其中重要的是_____，被称为能量代谢的_____。

8. 真核细胞生物氧化的主要场所是_____，呼吸链和氧化磷酸化偶联因子都定位于_____。

9. NADH 经电子传递和氧化磷酸化可产生_____个 ATP，琥珀酸可产生_____个 ATP。

10. $F_1 - F_0$ 复合体由_____部分组成，其 F_1 的功能是_____，F_0 的功能是_____。

三、名词解释

1. 生物氧化（biological oxidation）

2. 呼吸链（respiratory chain）

3. 氧化磷酸化（oxidative phosphorylation）

4. 磷氧比（P/O，phosphorus－oxygen ratio）

5. 底物水平磷酸化（substrate－level phosphorylation）

6. 能荷（energy charge）

四、判断题

1. 生物氧化只有在氧气存在的条件下才能进行。（　　）

2. NADH 脱氢酶是以 NAD^+ 为辅酶的脱氢酶的总称。（　　）

3. 代谢物脱下的 2 mol 氢原子经呼吸链氧化成水时，所释放的能量都贮存于高能化合物中。（　　）

4. 寡霉素专一性地抑制线粒体 $F_1F_0 - ATPase$ 的 F_0，从而抑制 ATP 的合成。（　　）

5. 细胞色素是指含有 FAD 辅基的电子传递蛋白。（　　）

6. ΔG 和 $\Delta G_0'$ 的意义相同。（　　）

7. 呼吸链中的递氢体本质上都是递电子体。（　　）

8. 胞液中的 $NADH + H^+$ 通过苹果酸穿梭作用进入线粒体，其 P/O 值约为 1.5。（　　）

9. 物质在空气中燃烧和在体内的生物氧化的化学本质是完全相同的，但所经历的路途不同。（　　）

10. ATP 在高能化合物中占有特殊的地位，它起着共同的中间体的作用。
（　　）

11. 在生物圈中，能量从光养生物流向化养生物，而物质在二者之间循环。（　　）

12. 磷酸肌酸是高能磷酸化合物的贮存形式，可随时转化为 ATP 供机体利用。（　　）

13. 解偶联剂可抑制呼吸链的电子传递。（　　）

14. 电子通过呼吸链时，按照各组分的氧化还原电势依次从还原端向氧化端传递。（　　）

15. 生物化学中的高能键是指水解断裂时释放较多自由能的不稳定键。
（　　）

16. $NADPH+H^+/NADP^+$ 的氧化还原电势稍低于 $NADH+H^+/NAD^+$，更容易经呼吸链氧化。（　　）

17. 植物细胞除了有对 CN^- 敏感的细胞色素氧化酶外，还有抗氰的末端氧化酶。（　　）

18. ADP 的磷酸化作用对电子传递起限速作用。（　　）

五、简答题

1. 生物氧化的特点和方式是什么？

2. 在磷酸戊糖途径中生成的 $NADPH+H^+$，如果不去参与合成代谢，那么它将如何进一步氧化？

3. 在体内 ATP 有哪些生理作用？

4. 什么叫呼吸链？它由哪些组分组成？列举一种可用来确定电子传递顺序的方法？

5. 简述化学渗透学说。

6. 常见呼吸链中电子传递抑制剂有哪些？它们的作用机制是什么？

六、论述题

1. 何为能荷？能荷与代谢调节有什么关系？

2. 氧化作用和磷酸化作用是怎样偶联的？

巩固提高

1. 已知有两种新的代谢抑制剂 A 和 B：将离体的肝线粒体制剂与丙酮酸、氧气、ADP 和磷酸一起保温，发现加入抑制剂 A，电子传递和氧化磷酸化就被抑制；当既加入抑制剂 A 又加入抑制剂 B 的时候，电子传递恢复了，但氧化磷酸化仍然不能进行。

（1）抑制剂 A 和抑制剂 B 属于电子传递抑制剂、氧化磷酸化抑制剂，还是解偶联剂？

（2）给出作用方式与抑制剂 A 和抑制剂 B 类似的抑制剂。

2. 某些细菌能够生存在极高的 pH 环境下（pH 约为 10），你认为这些细菌能够使用跨膜的质子梯度产生 ATP 吗？

知识拓展

1. 一战期间，军工厂里负责将 TNT 装载到炮弹或者炸弹里的妇女身体消瘦，而且经常发热，请结合本章知识，分析其原因？并考虑解偶联剂如 2,4-二硝基苯酚（DNP）等能不能作为减肥药使用？

2. 请查阅氰化钾中毒者的抢救策略，并利用生物化学知识解释其原理。

开放性讨论话题

氧化磷酸化又叫细胞呼吸，动物吸入氧气排出二氧化碳并获得能量，可见生命与氧气息息相关，而氧气主要来源于植物、蓝藻以及大气层。当前，一方面由于环境恶化，森林面积减少；另一方面，人类经济活动导致二氧化碳排放增多，全球气候变暖。反过来，假如地球表面氧含量持续增加，设想一下我们的地球和生活将是什么样？

参考答案

一、单项选择题

1. C　2. D　3. C　4. D　5. D　6. D　7. A　8. B　9. C　10. A　11. D
12. D　13. A　14. D　15. C　16. B　17. D　18. A　19. C

二、填空题

1. 底物水平磷酸化　电子传递水平磷酸化（氧化磷酸化）

2. 尼克酰胺核苷酸类　黄素蛋白类　铁硫蛋白类　辅酶 Q　细胞色素类

3. 氧化磷酸化偶联　ATP

4. 单加氧酶系　活性物质的生成、灭活及药物毒物的转化

5. H_2O_2　杀菌　6. 有机分子　氧化分解　可利用的能量

7. 大于 20.92　ATP　流通货币　8. 线粒体　线粒体内膜

9. 2.5　1.5　10. 2　合成 ATP　H^+ 通道和整个复合体的基底

三、名词解释

1. 生物氧化（biological oxidation）：生物体内有机物质氧化而产生大量

能量的过程称为生物氧化。生物氧化在细胞内进行，氧化过程消耗氧放出二氧化碳和水，所以有时也称为"细胞呼吸"或"细胞氧化"。生物氧化包括：有机碳氧化变成 CO_2；底物氧化脱氢、氢及电子通过呼吸链传递、分子氧与传递的氢结合生成水；在有机物被氧化成 CO_2 和 H_2O 的同时，释放的能量使 ADP 转变成 ATP。

2. 呼吸链（respiratory chain）：有机物在生物体内的氧化过程中所脱下的氢原子，经过一系列由有严格排列顺序的传递体组成的传递体系进行传递，最终与氧结合生成水，这样的电子或氢原子的传递体系称为呼吸链或电子传递链。电子在逐步传递过程中释放出能量被用于合成 ATP，以作为生物体的能量来源。

3. 氧化磷酸化（oxidative phosphorylation）：在底物脱氢被氧化时，电子或氢原子在呼吸链上的传递过程中伴随 ADP 磷酸化生成 ATP 的过程，称为氧化磷酸化。氧化磷酸化是生物体内的糖、脂肪、蛋白质氧化分解合成 ATP 的主要方式。

4. 磷氧比（P/O，phosphorus‑oxygen ratio）：电子经过呼吸链的传递作用最终与氧结合生成水，在此过程中所释放的能量用于 ADP 磷酸化生成 ATP。经此过程消耗一个氧原子所消耗的无机磷酸的分子数（也是生成 ATP 的分子数）称为磷氧比（P/O）。如 NADH 的磷氧比是 3，$FADH_2$ 的磷氧比是 2。

5. 底物水平磷酸化（substrate‑level phosphorylation）：在底物被氧化的过程中，底物分子内部能量重新分布产生高能磷酸键（或高能硫酯键），由此高能键提供能量使 ADP（或 GDP）磷酸化生成 ATP（或 GTP）的过程称为底物水平磷酸化。

6. 能荷（energy charge）：能荷是细胞中高能磷酸状态的一种数量上的衡量，能荷大小可以说明生物体中 ATP‑ADP‑AMP 系统的能量状态。能荷＝[ATP]＋12 [ADP] [ATP]＋[ADP]＋[AMP]

四、判断题

1. × 2. × 3. × 4. √ 5. × 6. × 7. √ 8. × 9. √ 10. √
11. √ 12. √ 13. × 14. √ 15. √ 16× 17. √ 18. √

五、简答题

1. 答：

特点：常温、酶催化、多步反应、能量逐步释放、放出的能量贮存于特殊化合物。

方式：单纯失电子、脱氢、加水脱氢、加氧。

2. 答:

葡萄糖的磷酸戊糖途径是在胞液中进行的,生成的 NADPH＋H⁺ 具有许多重要的生理功能,其中最重要的是作为合成代谢的供氢体。如果不去参与合成代谢,那么它将参与线粒体的呼吸链进行氧化,最终与氧结合生成水。但是线粒体内膜不允许 NADPH＋H⁺ 和 NADH＋H⁺ 通过,胞液中 NADPH 所携带的氢是通过转氢酶催化过程进入线粒体的:

(1) NADPH＋H⁺＋NAD⁺→NADP⁺＋NADH＋H⁺

(2) NADH 所携带的氢通过两种穿梭作用进入线粒体进行氧化:

① α-磷酸甘油穿梭作用,进入线粒体后生成 $FADH_2$。

② 苹果酸穿梭作用,进入线粒体后生成 NADH。

3. 答:

ATP 在体内有许多重要的生理作用:①是机体能量的暂时贮存形式。在生物氧化中,ADP 能将呼吸链上电子传递过程中所释放的电化学势能以磷酸化生成 ATP 的方式贮存起来,因此 ATP 是生物氧化中能量的暂时贮存形式。②是机体其他能量形式的来源。ATP 分子内所含有的高能键可转化成其他能量形式,以维持机体的正常生理机能,例如可转化成机械能、生物电能、热能、渗透能、化学合成能等。体内某些合成反应不一定都直接利用 ATP 供能,而是以其他三磷酸核苷作为能量的直接来源。如糖原合成需 UTP 供能;磷脂合成需 CTP 供能;蛋白质合成需 GTP 供能。这些三磷酸核苷分子中的高能磷酸键并不是在生物氧化过程中直接生成的,而是来源于 ATP。③可生成 cAMP 参与激素作用。ATP 在细胞膜上的腺苷酸环化酶催化下,可生成 cAMP,作为许多肽类激素在细胞内体现生理效应的第二信使。

4. 答:

(1) 有机物在生物体内氧化过程中所脱下的氢原子,经过一系列由有严格排列顺序的传递体组成的传递体系进行传递,最终与氧结合生成水,这样的电子或氢原子的传递体系称为呼吸链或电子传递链。

(2) 线粒体生物氧化体系中,两类典型的呼吸链都由五类组分组成,并按一定的顺序定位于线粒体内膜。NADH 呼吸链由 NADH 还原酶(复合体Ⅰ)、泛醌、细胞色素还原酶(复合体Ⅲ)、细胞色素 c、细胞色素氧化酶(复合体Ⅳ)组成。$FADH_2$ 呼吸链由琥珀酸-Q 还原酶(复合体Ⅱ)、泛醌、细胞色素 c、细胞色素氧化酶(复合体Ⅳ)组成。

(3) 呼吸链中各组分的电子传递顺序可通过三种实验方法确定。①测定各种电子传递体的标准氧化还原电位 $\Delta E_0'$,电子传递体的 $\Delta E_0'$ 数值越低,其失去电子的倾向越大,越容易作为还原剂而处于呼吸链的前面。②电子传递体的体外重组实验,NADH 可以使 NADH 脱氢酶还原,但它不能直接还原细胞色素还原酶（复合体Ⅲ）、细胞色素 c、细胞色素氧化酶（复合体Ⅳ）。同样还原型的 NADH 脱氢酶不能直接与细胞色素 c 作用，而必须通过泛醌和复合体Ⅲ。③利用呼吸链的特殊阻断剂，阻断某些特定部位的电子传递，再通过分光光度技术分析电子传递链各组分吸收光谱的变化，根据氧化还原状态，确定各组分在电子传递链中的顺序。

5. 答：

① 呼吸链中递氢体和电子传递体在线粒体内膜中是间隔交替排列的，并且都有特定的位置，催化反应是定向的。② 递氢体有氢泵的作用，当递氢体从线粒体内膜内侧接受从 NADH＋H$^+$ 传来的氢后，可将其中的电子（2e$^-$）传给位于其后的电子传递体，而将两个 H$^+$ 从内膜泵出到膜外侧，在电子传递过程中，每传递一对电子就泵出 6 个 H$^+$。③ H$^+$ 不能自由通过内膜，泵出膜的外侧 H$^+$ 不能自由返回膜内侧，因而使线粒体内膜外侧的 H$^+$ 浓度高于内侧，造成 H$^+$ 浓度的跨膜梯度，这种 H$^+$ 梯度和电位梯度就是质子返回内膜的一种动力。④ H$^+$ 通过 ATP 酶的特殊途径，返回到基质，使 H$^+$ 发生逆向回流。

6. 答：

① 鱼藤酮、阿米妥及杀粉蝶菌素，它们的作用是阻断电子由 NADH 向辅酶 Q 的传递。鱼藤酮是从热带植物的根中提取出来的化合物，它能和 NADH 脱氢酶牢固结合，因而能阻断呼吸链的电子传递。鱼藤酮对黄素蛋白不起作用，所以鱼藤酮可以用来鉴别 NADH 呼吸链与 FADH$_2$ 呼吸链。阿米妥的作用与鱼藤酮相似，但作用较弱，可用作麻醉药。杀粉蝶菌素 A 是辅酶 Q 的结构类似物，由此可以与辅酶 Q 相竞争，从而抑制电子传递。② 抗霉素 A 是从链霉菌分离出的抗生素，它抑制电子从细胞色素 b 到细胞色素 c$_1$ 的传递。③ 氰化物、一氧化碳、叠氮化合物及硫化氢可以阻断电子细胞色素 aa$_3$ 向氧的传递作用，这也是氰化物及一氧化碳中毒的原因。

六、论述题

1. 答：

细胞内存在着 3 种经常参与能量代谢的腺苷酸，即 ATP、ADP 和 AMP。这 3 种腺苷酸的总量虽然很少，但与细胞的分解代谢和合成代谢密切相关。3 种腺苷酸在细胞中各自的含量也随时在变动。生物体中 ATP - ADP - AMP 系统的能量状态（即细胞中高能磷酸状态）在数量上衡量称为能荷。能荷的大小与细胞中 ATP、ADP 和 AMP 的相对含量有关。当细胞中全部腺苷酸均以 ATP 形式存在时，则能荷最大，为 100%，即能荷为满载。当全部以 AMP 形式存在时，则能荷最小，为零。当全部以 ADP 形式存在时，能荷居中，为50%。若三者并存时，能荷则随三者含量的比例不同而表现不同的百分值。通常情况下细胞处于 80% 的能荷状态。能荷与代谢有什么关系呢？研究证明，细胞中能荷高时，抑制了 ATP 的生成，但促进了 ATP 的利用，也就是说，高能荷可促进分解代谢，并抑制合成代谢。相反，低能荷则促进合成代谢，抑制分解代谢。能荷调节是通过 ATP、ADP 和 AMP 分子对某些酶分子进行变构调节进行的。例如糖酵解中，磷酸果糖激酶是一个关键酶，它受 ATP 的强烈抑制，但受 ADP 和 AMP 促进。丙酮酸激酶也是如此。在三羧酸循环中，丙酮酸脱氢酶、柠檬酸合成酶、异柠檬酸脱氢酶和 α-酮戊二酸脱氢酶等，都受 ATP 的抑制和 ADP 的促进。呼吸链的氧化磷酸化速度同样受 ATP 抑制和 ADP 促进。

2. 答：

目前解释氧化作用和磷酸化作用如何偶联的假说有三个，即化学偶联假说、结构偶联假说与化学渗透假说。其中化学渗透假说得到较普遍的公认。该假说的主要内容是：

① 线粒体内膜是封闭的、对质子不通透的完整内膜系统。②电子传递链中的氢传递体和电子传递体呈交叉排列，氢传递体有质子（H^+）泵的作用，在电子传递过程中不断地将质子（H^+）从内膜内侧基质中泵到内膜外侧。③质子泵出后，不能自由通过内膜回到内膜内侧，这就形成内膜外侧质子（H^+）浓度高于内侧，使膜内带负电荷，膜外带正电荷，因而也就形成了两侧质子浓度梯度和跨膜电位梯度。这两种跨膜梯度是电子传递所产生的电化学势能，是质子回到膜内的动力，称质子移动力或质子动力势。④复合物 I、III、IV 起着质子泵的作用，这与氧化磷酸化的三个偶联部位一致。⑤质子移动力是质子返回膜内的动力，是 ADP 磷酸化成 ATP 的能量所在，在质子移动力驱使下，质子（H^+）通过 F_1F_0-ATP 合酶回到膜内，同时 ADP 磷酸化合成 ATP。

巩固提高

1. 答：

（1）抑制剂 A 和抑制剂 B 分别是氧化磷酸化抑制剂和解偶联剂。

（2）与 A 相似的抑制剂有寡霉素和二环己基碳二亚胺；与 B 相似的抑制剂有羰基氰-对-三氟甲氧基苯腙（FCCP）和产热蛋白。

2. 答：

这样的细菌不能够使用跨膜的质子梯度产生 ATP，这是因为如果要求它们与一般的细菌一样使用质子梯度产生 ATP，则需要其细胞质具有更高的 pH，在这种情况下细胞是不能生存的。当然，这些细菌可使用其他的离子梯度，如钠离子梯度驱动 ATP 的合成。

第 ⑦ 章　脂类代谢

学习目标

1. 掌握脂类的生理功能及脂肪分解途径。
2. 熟练掌握脂肪酸的分解代谢途径、脂肪酸合成的主要过程和三酰甘油的合成及其酮体。
3. 掌握脂肪酸代谢的调控机制、类脂代谢的主要途径。

重点难点

1. 脂类的生理功能。
2. 脂肪酸的 β 氧化，糖与脂肪酸的关系，脂肪酸代谢与酮体的关系。
3. 脂肪酸代谢与生理条件的关系；胆固醇的合成与分解。

主要知识点

第一部分　脂类概述

1. 脂类

动物机体的脂类（lipids）分为脂肪和类脂两大类。

（1）脂肪（fat）。即甘油三酯（triglyceride，TG），主要是贮存脂肪。

（2）类脂（lipoid）。是指除脂肪以外的其他脂类，包括磷脂、糖脂、胆固醇及其酯（是组织脂的主要成分），还有其他的脂溶性分子。

2. 脂类的生理功能

脂肪的氧化分解为动物机体提供能量来源，脂肪也是动物的贮能方式，其贮存量与营养状况有关。脂肪还有抵御寒冷和固定保护内脏的作用。类脂是细胞膜的组成成分，也称组织脂，其组成与营养状况无关。一些脂类分子是重要的生理活性分子，如必需脂肪酸可以转变为细胞膜的成分，以及前列腺素、白三烯和血栓素等。肌醇磷脂、甘油二酯等又是第二信使。

3. 脂肪的分解代谢

（1）脂肪的分解代谢（脂肪动员）。是脂肪组织中的脂肪在激素敏感脂酶作用下水解为脂肪酸和甘油并释放入血液供其他组织利用的过程。受多种激素调控，如胰岛素下调、肾上腺素与胰高血糖素上调激素敏感脂酶的活性。终产物为甘油和 3 个长链脂肪酸。

（2）甘油的分解代谢。甘油在甘油激酶和磷酸甘油脱氢酶的作用下转变成磷酸二羟丙酮，它可沿糖的异生途径合成葡萄糖和糖原，也可以沿着糖酵解途径转变成乙酰 CoA，然后进入三羧酸循环氧化成 CO_2 和 H_2O，并释放出能量。1 分子甘油彻底氧化时生成 12.5 分子 ATP。

第二部分　脂肪酸的分解代谢

真核细胞的线粒体和原核细胞的胞液是脂肪酸氧化的主要场所，脂肪酸分解代谢的方式有 β、α 和 ω 氧化等几种类型。α 氧化的缺失会造成体内植烷酸积累，引发疾病；ω 氧化能增加脂肪酸降解的速度；β 氧化是脂肪酸分解代谢最普遍最重要的途径。

1. 脂肪酸进入线粒体前的准备

（1）活化。脂酰辅酶 A 合酶催化脂肪酸活化为脂酰 CoA，消耗 1 分子 ATP（两个高能磷酸键）。

（2）转入线粒体。中短链的脂酰 CoA 可直接渗透过线粒体内膜，长链脂酰 CoA 要经线粒体内膜外的肉碱脂酰移位酶 I 催化形成脂酰肉碱，并在肉碱/脂酰肉碱移位酶作用下转移脂酰肉碱至线粒体基质，最后，线粒体内的肉碱脂酰移位酶 II 使脂酰基又回到 CoA，脂酰 CoA 从细胞质进入线粒体基质。

2. 脂肪酸的 β 氧化

脂肪酸活化后，在线粒体内经历氧化→水合→氧化→断裂 4 步循环，每一循环从羧基端脱掉两个碳，生成 1 分子乙酰辅酶 A、1 分子 $FADH_2$ 和 1 分子 $NADH+H^+$，直至脂肪酸完全分解为二碳单元。

3. 不饱和脂肪酸的氧化

不饱和脂肪酸的氧化与饱和脂肪酸相同，不同的是不饱和脂肪酸需要异构酶、还原酶将顺式烯酰辅酶 A 改造为反式，以进入 β 氧化，因双键的氧化绕过了脂酰辅酶 A 脱氢酶，少生成 1 分子 $FADH_2$；多不饱和脂肪酸的氧化额外需要异构酶和 2,4 -二烯酰- CoA 还原酶的作用。

4. 奇数碳原子脂肪酸的 β 氧化

动物体内虽然绝大多数都是含有偶数碳原子的脂肪酸，但含有奇数碳原子的脂肪酸的代谢也很重要。例如，反刍动物瘤胃中发酵产生的低级脂肪酸，主要是乙酸（70%）、丙酸（20%）和丁酸（10%）。长链奇数碳原子的脂肪酸在开始分解时也和偶数碳原子脂肪酸一样，每经过一次 β 氧化过程去掉两个碳原子。当只剩下末端三个碳原子生成丙酰 CoA 时不再进行 β 氧化。丙酰 CoA 一是可以转化为乙酰 CoA 进入三羧酸循环，二是生成琥珀酰辅酶 A，进入三羧酸循环并可在肝脏中进行糖异生。

5. 酮体

正常情况下，脂肪酸在心脏、肾脏、骨骼肌等组织中彻底氧化生成 CO_2 和 H_2O，但在肝细胞中的氧化则不很完全，经常出现脂肪酸氧化的中间产物，即乙酰乙酸、β-羟基丁酸和丙酮，统称为酮体。

肝生成的酮体要运到肝外组织中去利用，所以在正常的血液中含有少量酮体。

（1）酮体的生成。酮体主要在肝脏中生成，肾脏也能生成少量酮体。酮体生成的全套酶系位于线粒体的内膜或基质中，其中 β-羟-β-甲基戊二酸单酰 CoA（HMG-CoA）合成酶是此途径的限速酶。2 分子乙酰 CoA 在硫解酶的催化作用下，缩合生成乙酰乙酰 CoA，它再与 1 分子乙酰 CoA 在 HMG-CoA 合成酶的催化下合成 β-羟-β-甲基戊二酸单酰 CoA，然后在裂解酶的作用下，裂解成乙酰乙酸。乙酰乙酸在肝脏线粒体 β-羟基丁酸脱氢酶催化下又可生成 β-羟基丁酸；丙酮则由乙酰乙酸脱羧而生成。

（2）酮体的利用。心肌、骨骼肌及大脑等肝外组织中有活性很强的利用酮体的酶，能够氧化酮体供能。β-羟基丁酸由 β-羟基丁酸脱氢酶作用生成乙酰乙酸。乙酰乙酸再在乙酰乙酸-琥珀酰 CoA 转移酶的作用下，生成乙酰乙酰 CoA。乙酰乙酰 CoA 在硫解酶的作用下生成 2 分子乙酰 CoA，然后进入三羧酸循环，彻底氧化成二氧化碳和水，并释放能量。肝中无乙酰乙酸-琥珀酰 CoA 转移酶，所以肝本身不能利用酮体，而肝外组织中脂肪酸氧化不产生酮体，但能氧化由肝脏生成的酮体。

（3）酮体生成的生理意义。酮体是比脂肪酸更为有效的代替葡萄糖的燃料。因为：①饥饿时血浆中的脂肪酸浓度仅增高 5 倍，而酮体可增高 20 倍。②酮体溶于水，易于扩散入肌细胞，而脂肪酸则不溶于水。③大脑不能利用脂肪酸，却能利用酮体。饥饿时可利用酮体代替其所需葡萄糖量的 25% 左右（极度饥饿时可达 75%）。

第三部分　脂肪的合成代谢

1. 长链脂肪酸的合成

（1）脂肪酸合成的原始底物为乙酰 CoA（反刍动物来自瘤胃吸收的乙酸和少量丁酸，非反刍动物可以从消化道吸收葡萄糖转化而来），产生于线粒体的乙酰 CoA 要经三羧酸转运体系形成柠檬酸中间体而转运过膜，再经柠檬酸裂解酶裂解为乙酰 CoA 和草酰乙酸，草酰乙酸在苹果酸酶作用下转化为苹果酸并产生 1 分子 $NADPH+H^+$，供脂肪酸合成时对还原力的需要。

（2）脂肪酸的每一次延伸由丙二酸单酰 CoA 提供两个碳原子，丙二酸单酰 CoA 也由乙酰 CoA 合成，催化的酶为乙酰 CoA 羧化酶。

合成过程：经历启动→装载→缩合→还原→脱水→还原→释放七步反应。这些反应由一个多酶复合体脂肪酸合酶催化完成，动物体中该酶有 7 种酶活性和一个酰基载体蛋白（ACP），7 种酶组分位于一条多肽链。两步还原反应各消耗 1 分子 $NADPH+H^+$，最后等脂肪酸合成结束或延伸到 16 个碳原子后，脂酰 ACP 硫酯酶催化脂酰 ACP 释放脂肪酸并消耗 1 分子水。

合成场所：合成速度最快的是肝脏、脂肪组织和小肠黏膜上皮，其次是肾脏和其他内脏，最慢的是肌肉、皮肤和神经组织，在胞液中进行。

（3）以软脂酸为例，比较脂肪酸的 β 氧化和合成反应。

	β 氧化	合 成
场所	线粒体	胞液
转运系统	脂酰肉碱转运系统转运脂酰 CoA	三羧酸转运机制转运乙酰 CoA
方向	羧基端→甲基端	甲基端→羧基端
羟酯基中间体构型	L	D
产物/轮	1NADH/1FADH$_2$/1 乙酰 CoA（10ATP）	2NADP$^+$/1H$_2$O/1ADP/延伸两个碳的脂酰 ACP
总能量计算	7 轮循环，8 个乙酰 CoA 进入三羧酸循环，共产能：$8\times8\times10+(1.5+2.5)\times7-2=106$（ATP）	7 轮循环，消耗 14NADPH，7ATP

2. 脂肪酸碳链的延长和去饱和作用

脂肪酸碳链的延伸/去饱和：脂肪酸碳链延伸发生于线粒体和内质网，是脂肪酸降解的逆反应。不饱和脂肪酸的生成需要去饱和酶，哺乳动物体内缺乏在 Δ^9 以外引入双键的酶，使得油酸、亚油酸、亚麻酸成为人体必需脂肪酸。

3. 甘油三酯的合成

哺乳动物的肝脏和脂肪组织是合成甘油三酯最活跃的组织。在胞液中合成的软脂酸以及摄入体内的脂肪酸，均可进一步合成甘油三酯。高等动物合成脂肪酸所需前体是 α-磷酸甘油和脂酰 CoA。α-磷酸甘油来自：①由磷酸二羟丙酮还原生成；②甘油激酶催化下由甘油和 ATP 生成。

（1）第一途径（甘油二酯途径）。合成甘油三酯的主要途径，其速度很快。脂肪酸先合成脂酰 CoA，然后与 α-磷酸甘油合成磷脂酸。磷脂酸与脂肪酸合成甘油二酯。甘油二酯与脂肪酸合成甘油三酯。

（2）第二途径（甘油一酯途径）。在肠黏膜上皮细胞内，经消化吸收的甘油一酯可作为合成甘油三酯的前体，它可与脂酰 CoA 生成甘油三酯。

第四部分　脂肪代谢的调节

1. 脂肪酸通过不同途径合成和降解（脂肪酸合成途径的主要特征）

（1）合成在细胞质中进行（降解在线粒体间质进行）。

（2）脂肪酸合成的中间产物与酰基载体蛋白（ACP）的硫氢基（疏基）形成共价键，而降解的中间产物与 CoA 形成键。

（3）高等生物的合成酶组成多酶复合体，称为脂肪合成酶。降解的酶与此相反，不是结合在一起的。

（4）生长中的脂肪酸链的加长是逐步加入来自乙酰 CoA 的二碳单位。延长步骤中活化的二碳单位供体是丙二酰 ACP。延长反应是由 CO_2 的释放推动的。

（5）脂肪酸合成的还原剂是 $NADPH+H^+$。

（6）脂肪酸合成酶复合物所引起的延长终止于软脂酸（C16）。进一步延长和双链的插入是由别的酶系完成的。

2. 脂肪组织中脂的合成与分解的调节

哺乳动物是以甘油三酯的形式把供能物质贮存于脂肪组织中，需要时甘油三酯水解成甘油和脂肪酸，再穿过细胞膜释放入血浆。由于脂肪组织中没有甘油激酶，它不能利用游离甘油与脂肪酸进行酯化，而只能利用糖酵解途径产生的磷酸二羟丙酮生成 α-磷酸甘油。用同时发生的酯化作用和脂解作用来调控脂肪酸的贮存和（或）动员具有重要意义。即在没有任何激素的调控下，可自动控制血浆中葡萄糖和脂肪酸的含量。例如葡萄糖摄入不足或血糖降低时，则葡萄糖进入脂肪细胞的速度降低，α-磷酸甘油产生的速度变慢，酯化作用速度降低。由于脂解速度未变，脂肪酸进入血液的含量升高，为其他组织供能。反之，当摄入的葡萄糖较多而血糖升高时，进入脂肪细胞的葡萄糖较多，酵解产生的 α-磷酸甘油较多，酯化作用加快，因而促进脂肪的沉积，降低了血浆中脂肪酸的含量。

3. 肌肉中糖与脂肪分解代谢的相互调控

在应激、饥饿或长时间运动等生理条件下，即当机体的能量消耗增强或糖摄入不足时，脂肪组织脂肪酸动员增强，当血浆中脂肪酸的浓度升高时，各组织首先是肌肉对它的利用加快，当细胞脂肪酸的氧化加强时葡萄糖的分解便减慢，从而节约了糖。

4. 肝脏的调控作用

在脂肪代谢中，脂肪组织是贮存脂肪的地方，当需要时，脂肪以脂肪酸形式动员出来。然后在肝脏中决定其去向，即或者把它变成酮体以提高其氧化的速度，或者把它再酯化为甘油三酯并以极低密度脂蛋白（VLDL）的形式释放入血液抑制其氧化。释放入血液的甘油三酯，或者再送回脂肪组织贮存，或者为其他组织所利用。

5. 糖与脂肪代谢紊乱

反刍动物酮病、脂肪肝。

第五部分　类脂代谢

1. 磷脂的代谢

（1）磷脂的生物合成。机体内各组织都能合成或分解磷脂。但其更新频率却各不相同。肝脏最快，胰脏、肾和肺次之，肌肉最慢。

合成原料是甘油、脂肪酸、磷酸、胆碱或胆胺等。

① 胆碱途径。

② 磷脂酰乙醇胺途径。

（2）磷脂的降解。以卵磷脂为例。卵磷脂在卵磷脂酶 A 的作用下，分解出 1 分子脂肪酸而形成溶血卵磷脂。溶血卵磷脂具有溶血作用，它在卵磷脂酶 A 或 B 的作用下又水解出 1 分子脂肪酸，生成甘油磷酸胆碱。后者在胆碱磷酸酶的作用下，水解生成 α-磷酸甘油和胆碱。

2. 胆固醇的合成代谢及转变

胆固醇存在于动物所有组织中，而以神经组织含量最多，动物内脏中含量也较高。动物血液中胆固醇以两种形式存在。游离型占 1/3，酯化型占 2/3。血液胆固醇主要来自外源性吸收的和内源性合成的。原料是乙酰 CoA。合成 1 分子胆固醇需要 18 分子乙酰 CoA，并由柠檬酸-丙酮酸循环和磷酸戊糖途径提供 10 分子 $NADPH + H^+$，合成机制较复杂。2C 的乙酰 CoA 合成 5C 的 β-羟-β-甲基戊二酸单酰 CoA，再经若干反应生成 30C 的鲨烯，再经两步反应生成 27C 的胆固醇。70%～80%的胆固醇由肝脏合成，少量由小肠合成。合成胆固醇的场所是胞液的微粒体部分，HMGCoA 还原酶是途径的关键酶，受胆固醇的反馈抑制。

胆固醇的母核——环戊烷多氢菲难以分解，但其侧链可以氧化、还原和降解转变为生理活性分子。血液中胆固醇的一部分可到组织中构成细胞结构成分，另一部分转变为胆汁酸，是胆固醇代谢的主要去路。胆汁酸包括胆酸、脱氧胆酸、鹅胆酸、牛黄胆酸、甘氨胆酸等，作为表面活性剂，促进脂类的消化吸收。转变成类固醇激素在肾上腺皮质球状带、束状带和网状带细胞合成睾酮、皮质醇和雄激素；睾丸间质细胞合成睾酮；卵巢卵泡内膜细胞及黄体合成雌二醇和黄体酮。转化为 7-脱氢胆固醇，经紫外线照射转变为维生素 D_3。

第六部分　脂类在体内运转的概况

1. 血脂

血脂（blood fat）指血浆中所含的脂质，包含甘油三酯、卵磷脂、胆固醇及其酯和游离脂肪酸。

2. 血脂的运输方式（脂蛋白）

脂蛋白（lipoprotein）：载脂蛋白与甘油三酯、卵磷脂、胆固醇及其酯形成的复合体，有至少 4 种形式。FFA-清蛋白复合物是自由脂肪酸的运输形式。

3. 脂蛋白的分类与功能

载脂蛋白（apolipoprotein，Apo）是脂蛋白中运输脂类的关键成分，具有双性 α 螺旋的结构，含 A、B、C、D、E 5 类，有 20 余种。主要功能：结合和转运脂质、参与脂蛋白代谢关键酶活性的调节、参与脂蛋白受体的识别。

血浆脂蛋白包括：乳糜微粒（CM）、极低密度脂蛋白（VLDL）、低密度脂蛋白（LDL）及高密度脂蛋白（HDL），运输的脂类及运输方向不同。

（1）乳糜微粒（CM）。

组成：甘油三酯、磷脂、胆固醇、ApoB48、A-Ⅰ、A-Ⅱ，蛋白质含量少，密度低。

合成部位：小肠黏膜细胞，经淋巴系统进入血液。

生理功能：转运外源性 T 甘油三酯和胆固醇。

（2）极低密度脂蛋白（VLDL）。

组成：甘油三酯、磷脂、胆固醇、ApoB100、ApoE，蛋白质含量少，密度低。

合成部位：肝细胞。

生理功能：转运内源性甘油三酯。

（3）低密度脂蛋白（LDL）。

组成：主要是胆固醇及其酯、ApoB100，含蛋白质，密度较低。

合成部位：血浆（由 VLDL 转化而来）。

生理功能：是血浆中胆固醇的主要携带者并运送到组织，调控胆固醇的合成。

（4）高密度脂蛋白（HDL）。

组成：主要是胆固醇及其酯，蛋白质含量高，密度较高。

合成部位：肝、小肠。

生理功能：机体胆固醇的"清扫机"，逆向转运胆固醇到肝脏转化处理。

知识巩固

一、单项选择题

1. 下列物质在甘油三酯合成过程中不存在的是（　　）
   A. 甘油一酯　　　　　　　　　B. 甘油二酯
   C. CDP-甘油二酯　　　　　　　D. 磷脂酸

2. 下列生化反应主要在内质网和胞液中进行的是（　　）
   A. 脂肪酸合成　　　　　　　　B. 脂肪酸氧化
   C. 甘油三酯合成　　　　　　　D. 胆固醇合成

3. 小肠黏膜细胞合成脂肪的原料主要来源于（　　）
   A. 小肠黏膜细胞吸收来的脂肪水解产物
   B. 脂肪组织的脂肪分解产物
   C. 肝细胞合成的脂肪再分解产物
   D. 小肠黏膜吸收的胆固醇水解产物
   E. 以上都是

4. 正常情况下机体贮存的脂肪主要来自（　　）
   A. 脂肪酸　　　B. 酮体　　　C. 类脂　　　D. 葡萄糖
   E. 生糖氨基酸

5. 甘油三酯的合成不需要下列哪种物质（　　）
   A. 脂酰 CoA　　　　　　　　　B. 3-磷酸甘油
   C. 甘油二酯　　　　　　　　　D. CDP 甘油二酯
   E. 磷脂酸

6. 在脂肪细胞的脂肪合成过程中所需的甘油主要来自（　　）
   A. 葡萄糖分解代谢　　　　　　B. 糖异生提供
   C. 脂肪分解产生的甘油再利用　D. 由氨基酸转变生成

7. 甘油在被利用时需活化为磷酸甘油，不能进行此反应的组织是（　　）
   A. 肝　　　　　B. 心　　　　　C. 肾　　　　　D. 脂肪组织

8. 脂肪动员的限速酶是（　　）
   A. 激素敏感性脂肪酶（HSL）　　B. 胰脂酶
   C. 脂蛋白脂肪酶　　　　　　　D. 组织脂肪酶

9. 以甘油一酯途径合成甘油三酯主要存在于（　　）
   A. 脂肪细胞　　　　　　　　　B. 肠黏膜细胞
   C. 肌细胞　　　　　　　　　　D. 肝脏细胞

10. 下列能促进脂肪动员的激素是（　　　）

    A. 胰高血糖素　　　　　　　　　B. 肾上腺素

    C. ACTH　　　　　　　　　　　D. 脂解激素

    E. 以上都是

11. 下列激素哪种是抗脂解激素（　　　）

    A. 胰高血糖素　　　　　　　　　B. 肾上腺素

    C. ACTH　　　　　　　　　　　D. 胰岛素

    E. 促甲状腺素

12. 下列关于激素敏感性脂肪酶的论述，错误的是（　　　）

    A. 是脂肪动员的限速酶

    B. 胰高血糖素可以通过磷酸化作用激活

    C. 胰岛素可以加强去磷酸化而抑制

    D. 属于脂蛋白脂肪酶类

13. 下列物质在体内彻底氧化后，每克释放能量最多的是（　　　）

    A. 葡萄糖　　　　B. 糖原　　　　C. 脂肪　　　　D. 胆固醇

14. 下列生化反应过程，只在线粒体中进行的是（　　　）

    A. 葡萄糖的有氧氧化　　　　　　B. 甘油的氧化分解

    C. 软脂酰的 β 氧化　　　　　　D. 硬脂酸的氧化

15. 下列与脂肪酸 β 氧化无关的酶是（　　　）

    A. 脂酰 CoA 脱氢酶　　　　　　B. β-羟脂酰 CoA 脱氢酶

    C. β-酮脂酰 CoA 转移酶　　　D. 烯酰 CoA 水化酶

16. 下列脱氢酶，不以 FAD 为辅助因子的是（　　　）

    A. 琥珀酸脱氢酶　　　　　　　　B. 二氢硫辛酰胺脱氢酶

    C. 线粒体内膜磷酸甘油脱氢酶　　D. β-羟脂酰 CoA 脱氢酶

17. 乙酰 CoA 不能由下列哪种物质生成（　　　）

    A. 葡萄糖　　　　B. 脂肪酸　　　C. 酮体　　　　D. 胆固醇

18. 脂肪动员大大加强时，肝内生成的乙酰 CoA 主要转变为（　　　）

    A. 葡萄糖　　　　B. 酮体　　　　C. 胆固醇　　　D. 丙二酰 CoA

19. 下列与脂肪酸氧化无关的物质是（　　　）

    A. 肉碱　　　　B. CoASH　　　C. NAD^+　　　D. $NADP^+$

20. 关于脂肪酸 β 氧化的叙述，正确的是（　　　）

    A. 反应在胞液和线粒体中进行　　B. 反应在胞液中进行

    C. 起始代谢物是脂酰 CoA　　　D. 反应产物为 CO_2 和 H_2O

21. 脂肪酸氧化分解的限速酶是（　　　）

    A. 脂酰 CoA 合成酶　　　　　　B. 肉碱脂酰转移酶 I

  C. 肉碱脂酰转移酶Ⅱ   D. 脂酰 CoA 脱氢酶

22. 脂肪酰进行 β 氧化的酶促反应顺序为（   ）

  A. 脱氢、脱水、再脱氢、硫解   B. 脱氢、加水、再脱氢、硫解

  C. 脱氢、再脱氢、加水、硫解   D. 硫解、脱氢、加水、再脱氢

23. 1 分子甘油彻底氧化可以净生成多少分子 ATP（   ）

  A. 12   B. 36～38   C. 20～22   D. 21～23

24. 在肝脏中生成乙酰乙酸的直接前体是（   ）

  A. 乙酰乙酰 CoA   B. β-羟丁酸

  C. β-羟丁酰 CoA   D. β-羟-β-甲基戊二单酰 CoA

25. 缺乏 VitB2 时，β 氧化过程中哪种中间产物的生成受阻（   ）

  A. 脂酰 CoA   B. α，β-烯脂酰 CoA

  C. L-羟脂酰 CoA   D. β-酮脂酰 CoA

26. 1 mol 软脂酸经一次 β 氧化后，其产物彻底氧化生成 CO_2 和 H_2O，可净生成 ATP 的摩尔数是（   ）

  A. 5   B. 9   C. 12   D. 17

27. 在肝脏中脂肪酸进行 β 氧化不直接生成（   ）

  A. 乙酰 CoA   B. H_2O C. 脂酰 CoA   D. NADH

28. 下列有关硬脂酸氧化的叙述，错误的是（   ）

  A. 包括活化、转移、β 氧化及最后经三羧酸循环彻底氧化四个阶段

  B. 1 分子硬脂酸彻底氧化可产生 146 分子 ATP

  C. 产物为 CO_2 和 H_2O

  D. 硬脂酸氧化在线粒体中进行

29. 肝脏不能氧化利用酮体是由于缺乏（   ）

  A. HMGCoA 合成酶   B. HMGCoA 裂解酶

  C. HMGCoA 还原酶   D. 琥珀酰 CoA 转硫酶

30. 下列关于酮体的叙述，不正确的是（   ）

  A. 酮体包括乙酰乙酸、β-羟丁酸和丙酮

  B. 酮体是脂肪酸在肝中氧化的正常中间产物

  C. 糖尿病可引起血酮体升高

  D. 饥饿时酮体生成减少

31. 严重饥饿时脑组织的能量主要来源于（   ）

  A. 糖的氧化   B. 脂肪酸氧化

  C. 氨基酸氧化   D. 酮体氧化

32. 饥饿时肝脏酮体生成增加，为防止酮症酸中毒的发生，应主要补充的物质为（   ）

    A. 葡萄糖   B. 亮氨酸   C. 苯丙氨酸   D. ATP

33. 肉毒碱的作用是（　　　）

    A. 脂酸合成时所需的一种辅酶   B. 转运脂酸进入肠上皮细胞

    C. 转运脂酸通过线粒体内膜   D. 参与脂酰基转移的酶促反应

34. 脂肪酸分解产生的乙酰 CoA 的去路是（　　　）

    A. 氧化供能   B. 合成酮体   C. 合成脂肪   D. 以上都可以

35. 饲以去脂膳食的大鼠，将导致下列哪种物质缺乏（　　　）

    A. 甘油三酯   B. 胆固醇   C. 磷脂   D. 前列腺素

36. 下列在线粒体中进行的生化反应是（　　　）

    A. 脂酸的 β 氧化   B. 脂酸的合成

    C. 胆固醇合成   D. 甘油三酯分解

37. 脂酸 β 氧化酶系存在于（　　　）

    A. 胞液   B. 内质网   C. 线粒体   D. 微粒体

38. 有关脂酸氧化分解的叙述，下列错误的是（　　　）

    A. 在胞液中进行

    B. 脂酸的活性形式是 $RCH_2CH_2COSCoA$

    C. 有中间产物 $RCHOHCH_2COSCoA$

    D. 生成 $CH_3COSCoA$

39. 催化体内贮存的甘油三酯水解的脂肪酶是（　　　）

    A. 胰脂肪酶   B. 激素敏感性脂肪酶

    C. 脂蛋白脂肪酶   D. 组织脂肪酶

40. 脂酸合成过程中的递氢体是（　　　）

    A. $NADH+H^+$ B. $FADH_2$

    C. $NADPH+H^+$ D. $FMNH_2$

41. 脂肪酸合成的限速酶是（　　　）

    A. 脂酰 CoA 合成酶   B. 肉碱脂酰转移酶Ⅰ

    C. 肉碱脂酰转移酶Ⅱ   D. 乙酰 CoA 羧化酶

42. 脂肪酸合成能力最强的器官是（　　　）

    A. 脂肪组织   B. 乳腺   C. 肝   D. 肾

43. 下列维生素哪种是乙酰 CoA 羧化酶的辅助因子（　　　）

    A. 泛酸   B. 叶酸   C. 硫胺素   D. 生物素

44. 乙酰 CoA 用于合成脂肪酸时，需要由线粒体转运至胞液的途径是
（　　　）

    A. 三羧酸循环   B. α-磷酸甘油穿梭

    C. 苹果酸穿梭   D. 柠檬酸-丙酮酸循环

45. 不参与脂肪酸合成的物质是（　　）
    A. 乙酰 CoA   B. 丙二酰 CoA
    C. NADPH＋H⁺   D. H₂O

46. 脂肪酸合成酶系在胞液中催化合成的脂肪酸碳链长度为（　　）
    A. 12 碳   B. 14 碳   C. 16 碳   D. 18 碳

47. 下列哪种酶只能以 NADP⁺ 为辅酶（　　）
    A. 柠檬酸合酶   B. 柠檬酸裂解酶
    C. 丙酮酸羧化酶   D. 苹果酸酶

48. 下列有关乙酰 CoA 羧化酶的叙述，错误的是（　　）
    A. 存在于胞液中
    B. 受化学修饰调节，经磷酸化后活性增强
    C. 受柠檬酸及乙酰 CoA 激活
    D. 受长链脂肪酰 CoA 抑制

49. 下列物质经转变可以生成乙酰 CoA 的是（　　）
    A. 脂酰 CoA   B. 乙酰乙酰 CoA
    C. 柠檬酸   D. 以上都可以

50. 下列有关脂肪酸合成的叙述，不正确的是（　　）
    A. 脂肪酸合成酶系存在于胞液中
    B. 脂肪酸分子中全部碳原子均来源于丙二酰 CoA
    C. 生物素是辅助因子
    D. 消耗 ATP

51. 软脂酸合成时，分别以标记的 ¹⁴CH₃COSCoA 和 H¹⁴CO₃ 为原料（　　）
    A. ¹⁴CH₃COSCoA 中的 ¹⁴C 出现在软脂酸的第一个碳原子上
    B. ¹⁴CH₃COSCoA 中的 ¹⁴C 出现在软脂酸的奇数碳原子上
    C. ¹⁴CH₃COSCoA 中的 ¹⁴C 出现在软脂酸的偶数碳原子上
    D. ¹⁴CH₃COSCoA 中的 ¹⁴C 出现在软脂酸的每一个碳原子上

52. 葡萄糖－6－磷酸脱氢酶受到抑制，可以影响脂肪酸合成，原因是（　　）
    A. 糖的有氧化加速   B. NADPH 减少
    C. 乙酰 CoA 减少   D. ATP 含量降低

53. 胞液中由乙酰 CoA 合成 1 分子软脂酸需要多少分子 NADPH＋H⁺（　　）
    A. 7   B. 8   C. 14   D. 16

54. 脂肪酸合成时，原料乙酰 CoA 的来源是（　　）
    A. 线粒体生成后直接转运到胞液

B. 线粒体生成后由肉碱携带转运到胞液

C. 线粒体生成后转化为柠檬酸而转运到胞液

D. 胞液直接提供

55. 增加脂肪酸合成的激素是（　　　）

A. 胰高血糖素　　B. 肾上腺素　　C. 胰岛素　　　D. 生长素

56. 胰岛素对脂肪酸合成的调节，下列错误的是（　　　）

A. 胰岛素诱导脂肪酸合成酶系的合成

B. 胰岛素诱导乙酰 CoA 羧化酶的合成

C. 胰岛素诱导 ATP-柠檬酸裂解酶的生成

D. 胰岛素促进乙酰 CoA 羧化酶磷酸化

57. 与脂肪酸 β 氧化逆过程基本一致的是（　　　）

A. 胞液中脂肪酸的合成　　　　　　B. 不饱和脂肪酸的合成

C. 线粒体中脂肪酸碳链延长　　　　D. 内质网中脂肪酸碳链的延长

58. 酰基载体蛋白（ACP）是（　　　）

A. 载脂蛋白

B. 带脂酰基的载体蛋白

C. 含辅酶 A 的蛋白质

D. 一种低分子质量的结合蛋白，其辅基含有巯基

59. 乙酰 CoA 羧化酶的别构抑制剂是（　　　）

A. 乙酰 CoA　　　　　　　　　　B. 长链脂酰 CoA

C. cAMP　　　　　　　　　　　　D. 柠檬酸

60. 下列有关脂肪酸合成的叙述，正确的是（　　　）

A. 脂肪酸的碳链全部由丙二酰 CoA 提供

B. 不消耗 ATP

C. 需要大量的 $NADH+H^+$ 参与

D. 生物素是参与合成的辅助因子

61. 下列脂肪酸中属于必需脂肪酸的是（　　　）

A. 软脂酸　　　　B. 硬脂酸　　　　C. 油酸　　　　D. 亚油酸

二、填空题

1. 血脂的运输形式是＿＿＿＿＿＿＿，电泳法可将其分为＿＿＿＿＿＿、＿＿＿＿＿＿、＿＿＿＿＿＿、＿＿＿＿＿＿四种。

2. 空腹血浆中含量最多的脂蛋白是＿＿＿＿＿＿，其主要作用是＿＿＿＿＿＿。

3. 合成胆固醇的原料是＿＿＿＿＿＿，递氢体是＿＿＿＿＿＿，限速酶是＿＿＿＿＿＿，胆固醇在体内可转化为＿＿＿＿＿＿、＿＿＿＿＿＿、

_____。

4. 乙酰 CoA 的去路有_____、_____、_____、
_____。

5. 脂肪动员的限速酶是_____。此酶受多种激素控制，促进脂肪
动员的激素称_____，抑制脂肪动员的激素称_____。

6. 脂肪酰 CoA 的 β 氧化经过_____、_____、_____
和_____四个连续反应步骤，每次 β 氧化生成 1 分子_____和比
原来少两个碳原子的脂酰 CoA，脱下的氢由_____和_____携
带，进入呼吸链被氧化生成水。

7. 酮体包括_____、_____、_____。酮体主要在
_____中以_____为原料合成，并在_____中被氧化
利用。

8. 肝脏不能利用酮体，是因为缺乏_____和_____。

9. 脂肪酸合成的主要原料是_____，递氢体是_____，它
们都主要来源于_____。

10. 脂肪酸合成酶系主要存在于_____，_____内的乙酰
CoA 需经_____循环转运至_____而用于合成脂肪酸。

11. 脂肪酸合成的限速酶是_____，其辅助因子是_____。

12. 在磷脂合成过程中，胆碱可由食物提供，亦可由_____及
_____在体内合成，胆碱及乙醇胺由活化的_____及_____
提供。

13. 脂蛋白 CM、VLDL、LDL 和 HDL 的主要功能分别是_____、
_____、_____和_____。

14. 载脂蛋白的主要功能是_____、_____、_____。

15. 人体含量最多的鞘磷脂是_____，由_____、_____
及_____所构成。

三、名词解释

1. 脂肪动员（fat mobilization）

2. 脂肪酸的 β 氧化（fatty acid β‑oxidation）

3. 酮体（ketone body）

4. 必需脂肪酸（essential fatty acid）

5. 血脂（blood fat）

6. 血浆脂蛋白（plasma lipoprotein）

7. 高脂蛋白血症（hyperlipoproteinemia）

8. 载脂蛋白（apolipoprotein）

9. LDL-受体代谢途径（LDL-receptor metabolic pathway）

10. 酰基载体蛋白（ACP，acyl carrier protein）

11. 脂肪肝（fatty liver）

12. 脂解激素（lipolytic hormone）

13. 抗脂解激素（antilipolytic hormone）

14. 磷脂（phospholipid）

15. 基本脂（basic fat）

16. 可变脂（variable fat）

17. 脂蛋白脂肪酶（lipoprotein lipase）

18. 卵磷脂胆固醇脂酰转移酶（LCAT，lecithin cholesterol acyltransferase）

19. 丙酮酸-柠檬酸循环（pyruvate citrate cycle）

20. 胆汁酸（bile acid）

四、判断题

1. 某些一羟脂肪酸和奇数碳原子的脂肪酸可能是 α 氧化的产物。（　　　）

2. 脂肪酸 β、α、ω 氧化都需要使脂肪酸活化成脂酰 CoA。（　　　）

3. ω 氧化中脂肪酸链末端的甲基碳原子被氧化成羧基，形成 α，ω-二羧酸，然后从两端同时进行 β 氧化。（　　　）

4. 脂肪酸的从头合成需要柠檬酸裂解提供乙酰 CoA。（　　　）

5. 用 $^{14}CO_2$ 羧化乙酰 CoA 生成丙二酸单酰 CoA，当用它延长脂肪酸链时，其延长部分也含 ^{14}C。（　　　）

6. 在脂肪酸从头合成过程中，增长的脂酰基一直连接在 ACP 上。（　　　）

7. 脂肪酸合成过程中，其碳链延长时直接底物是乙酰 CoA。（　　　）

8. 只有偶数碳原子脂肪酸氧化分解产生乙酰 CoA。（　　　）

9. 甘油在生物体内可以转变为丙酮酸。（　　　）

10. 不饱和脂肪酸和奇数碳脂肪酸的氧化分解与 β 氧化无关。（　　　）

11. 在动植物体内所有脂肪酸的降解都是从羧基端开始。（　　　）

五、简答题

1. 简述脂类的消化与吸收。

2. 比较消化道、脂肪组织和血浆中存在的脂肪酶的异同点（存在部位、名称、底物、相关特点）。

3. 何谓酮体？酮体是如何生成及氧化利用的？

4. 简述体内乙酰 CoA 的来源和去路。

5. 简述磷脂在体内的主要生理功能？写出合成卵磷脂需要的物质及基本途径？

6. 简述脂肪肝的成因。

7. 写出胆固醇合成的基本原料及关键酶？胆固醇在体内可转变成哪些物质？

8. 简述血脂的来源和去路？

9. 脂蛋白分为几类？各种脂蛋白的主要功用？

10. 载脂蛋白的种类及主要作用？

六、论述题

1. 为什么吃糖多了人体会发胖（写出主要反应过程）？脂肪能转变成葡萄糖吗？为什么？

2. 简述胰高血糖素和胰岛素对脂肪代谢的调节作用？

3. 写出软脂酸氧化分解的主要过程及 ATP 的生成？

4. 简述饥饿或糖尿病患者出现酮症的原因。

巩固提高

1. 在抗霉素 A 存在的情况下，计算哺乳动物肝脏在有氧条件下氧化 1 分子软脂酸所净产生 ATP 的数目。如果安密妥存在，情况又如何？

2. 生物体彻底氧化 1 分子硬脂酸、软脂酸、油酸和亚油酸各自能产生多少分子 ATP？

知识拓展

1. 左旋肉碱作为减肥药物能起到广告中宣传的效果吗？说出你的科学依据。

2. 请查阅国内外膳食指南中关于胆固醇摄入量的建议值的变化，你认为食物中的胆固醇究竟该不该限制？如何健康饮食？

3. 在反刍动物养殖实践中，如何有效防治酮病？

4. 实现双碳（即碳达峰与碳中和）目标，除了从排放端来探讨如何减排，还需要在固碳端发力，常规认为固碳作用仅发生在植物中，后来发现动物中也有两条主要代谢途径能固定二氧化碳，请列出有关反应，并尽可能详细解释二氧化碳在此过程中的作用与功能。

开放性讨论话题

1. 请结合你的经历谈谈目前常见的减肥方法和说法的科学性和合理性。

（1）常见的减肥方法和说法有哪些？

（2）结合你的经历和所学糖脂代谢的知识，谈谈目前常见的减肥方法和说法的科学性和合理性。

（3）通过查阅文献，列举 1～2 个有关肥胖或者脂肪代谢相关基因及其对应的蛋白，简要介绍其作用原理。

2. 减肥和育肥是矛盾的两个方面，减肥是现代人道不明、谈不清的永久话题，但畜牧业生产中又离不开育肥，因为畜牧业生产的主要目标是生产高品质的肉蛋奶等畜产品满足人民的消费需求。

（1）谈谈你对这个矛盾的认识和看法。

（2）从脂代谢与畜产品品质关系的角度，谈谈畜牧业从业者为什么不能只想减肥，更要想育肥？

参考答案

一、单项选择

1. C　2. D　3. A　4. D　5. D　6. A　7. D　8. A　9. B　10. D　11. D　12. D　13. C　14. C　15. C　16. D　17. D　18. B　19. D　20. C　21. B　22. B　23. C　24. D　25. B　26. D　27. B　28. D　29. D　30. D　31. D　32. A　33. D　34. D　35. D　36. A　37. C　38. A　39. B　40. C　41. D　42. C　43. D　44. D　45. D　46. C　47. D　48. B　49. D　50. B　51. C　52. B　53. C　54. C　55. C　56. D　57. C　58. D　59. B　60. D　61. D

二、填空题

1. 脂蛋白　CM　前 β-脂蛋白　β-脂蛋白　α-脂蛋白

2. 低密度脂蛋白　转运胆固醇

3. 乙酰 CoA　NADPH　HMG-CoA 还原酶　胆汁酸　类固醇激素 1,25-(OH)2-D3

4. 经三羧酸循环氧化供能　合成脂肪酸　合成胆固醇　合成酮体等

5. 激素敏感性脂肪酶　脂解激素　抗脂解激素

6. 脱氢　水化　再脱氢　硫解　乙酰 CoA　FAD　NAD$^+$

7. 乙酰乙酸　β-羟丁酸　丙酮　肝细胞　乙酰 CoA　肝外组织

8. 乙酰乙酰硫激酶　琥珀酰 CoA 转硫酶

9. 乙酰 CoA　NADPH＋H$^+$　糖代谢

10. 胞液　线粒体　丙酮酸-柠檬酸　胞液

11. 乙酰 CoA 羧化酶　生物素

12. 丝氨酸　甲硫氨酸　CDP-胆碱　CDP-乙醇胺

13. 转运外源性脂肪　转运内源性脂肪　转运胆固醇　逆转胆固醇

14. 结合转运脂类及稳定脂蛋白结构　调节脂蛋白代谢关键酶的活性　识别脂蛋白受体

15. 神经鞘磷脂　鞘氨醇　脂酸　磷酸胆碱

三、名词解释

1. 脂肪动员（fat mobilization）：储存在脂肪组织细胞中的脂肪，经脂肪酶逐步水解为游离脂肪酸和甘油并释放入血被组织利用的过程称为脂肪动员。

2. 脂肪酸的 β 氧化（fatty acid β - oxidation）：脂肪酸的氧化是从 β - 碳原子脱氢氧化开始的，故称 β 氧化。

3. 酮体（ketone body）：酮体包括乙酰乙酸、β - 羟丁酸和丙酮，是脂肪酸在肝脏氧化分解的特有产物。

4. 必需脂肪酸（essential fatty acid）：维持机体生命活动所必需，但体内不能合成，必须由食物提供的脂肪酸，称为必需脂肪酸。

5. 血脂（blood fat）：血浆中的脂类化合物统称为血脂，包括甘油三酯、胆固醇及其酯、磷脂及自由脂肪酸。

6. 血浆脂蛋白（plasma lipoprotein）：血脂在血浆中与载脂蛋白结合，形成脂蛋白，脂蛋白是血脂的存在和转运形式。

7. 高脂蛋白血症（hyperlipoproteinemia）：血脂高于正常人上限即为高脂血症，由于血脂是以脂蛋白的形式存在和运输的，故高脂血症即为高脂蛋白血症。

8. 载脂蛋白（apolipoprotein）：血浆脂蛋白中的蛋白部分称为载脂蛋白。

9. LDL - 受体代谢途径（LDL - receptor metabolic pathway）：LDL 通过广泛存在于细胞表面的特异受体进入组织细胞进行代谢的途径称为 LDL - 受体代谢途径。

10. 酰基载体蛋白（ACP，acyl carrier protein）：脂肪酸合成酶体系中的酰基载体蛋白，是脂酸合成过程中脂酰基的载体，脂酰基合成的各步反应均在 ACP 上进行。

11. 脂肪肝（fatty liver）：在肝细胞中合成的脂肪不能顺利移出而造成堆积，称为脂肪肝。

12. 脂解激素（lipolytic hormone）：使甘油三酯脂肪酶活性增强，而促进脂肪分解的激素。

13. 抗脂解激素（antilipolytic hormone）：使甘油三酯脂肪酶活性降低，而抑制脂肪分解的激素。

14. 磷脂（phospholipid）：含有磷酸的脂类物质称为磷脂。

15. 基本脂（basic fat）：类脂主要是构成膜成分，不易受外界影响而改变，故称基本脂。

16. 可变脂（variable fat）：脂肪贮存于脂肪细胞中，受年龄、性别及营养状态等因素的影响而改变，故称可变脂。

17. 脂蛋白脂肪酶（lipoprotein lipase）：存在于毛细血管内皮细胞中，水解脂蛋白中脂肪的酶。

18. 卵磷脂胆固醇脂酰转移酶（LCAT，lecithin cholesterol acyltransferase）：血浆中催化胆固醇与卵磷脂反应，使胆固醇酯化的酶称为卵磷脂胆固醇脂酰转移酶。

19. 丙酮酸-柠檬酸循环（pyruvate citrate cycle）：在胞液与线粒体之间经丙酮酸与柠檬酸的转变，将乙酰 CoA 由线粒体转运至胞液用于合成代谢的过程称为丙酮酸-柠檬酸循环。

20. 胆汁酸（bile acid）：胆固醇在肝脏中的转化产物。胆汁酸是胆固醇在体内代谢的主要去路。

四、判断题

1. √   2. ×   3. √   4. √   5. ×   6. √   7. ×   8. ×   9. √   10. ×   11. ×

五、简答题

1. 答：

脂类的消化部位主要在小肠，小肠内的胰脂酶、磷脂酶、胆固醇酯酶及辅脂酶等可以催化脂类水解；肠内 pH 有利于这些酶的催化反应，又有胆汁酸盐的作用，最后将脂类水解后主要经肠黏膜细胞转化生成乳糜微粒被吸收。

2. 答：

消化道、脂肪组织和血浆中存在的脂肪酶的异同点如下。

名称	存在部位	底物	相关特点
胰脂酶	小肠	食物脂肪	将脂肪水解为 2-甘油一酯和脂肪酸
激素敏感性脂肪酶（HSL）	脂肪细胞	贮存脂肪	受激素调控
脂蛋白脂肪酶（LPL）	毛细血管上皮细胞	乳糜微粒（CM）、极低密度脂蛋白（VLDL）	参与脂蛋白代谢的脂肪

3. 答：

酮体包括乙酰乙酸、β-羟丁酸和丙酮。酮体是在肝细胞内由乙酰 CoA 经 HMG-CoA 转化而来，但肝脏不利用酮体。在肝外组织酮体经乙酰乙酸硫激酶或琥珀酰 CoA 转硫酶催化后，转变成乙酰 CoA 并进入三羧酸循环而被氧化利用。

4. 答：

乙酰 CoA 的来源：①糖的有氧氧化；②脂肪的分解代谢；③氨基酸的分解代谢；④酮体的分解代谢。

乙酰 CoA 的去路：①进入三羧酸循环；②作为合成酮体的原料；③作为

合成胆固醇的原料；④作为合成脂肪酸的原料。

5. 答：

磷脂在体内主要构成生物膜，并参与细胞识别及信息传递。合成卵磷脂需要脂肪酸、甘油、磷酸盐及胆碱，合成的基本过程为：脂肪酸＋甘油→甘油二酯→ATP→CTP→卵磷脂→胆碱→磷酸胆碱→CDP-胆碱。

6. 答：

肝脏是合成脂肪的主要器官，由于磷脂合成的原料不足等原因，造成肝脏脂蛋白合成障碍，使肝内脂肪不能及时转移出肝脏而造成堆积，形成脂肪肝。

7. 答：

胆固醇合成的基本原料是乙酰 CoA、NADPH 和 ATP 等，限速酶是 HMG-CoA 还原酶，胆固醇在体内可以转变为胆汁酸、类固醇激素和维生素 D_3。

8. 答：

血脂的来源：①外源性，由脂类食物消化吸收入血液（主要来源）；②内源性，由人体内组织自身合成和脂库动员释放入血液。

血脂的去路：①进入脂库贮存（主要去路）；②经血液到全身各组织氧化供能；③构成生物膜；④转变为其他物质等。

9. 答：

脂蛋白分为四类：CM、VLDL（前 β-脂蛋白）、LDL（β-脂蛋白）和 HDL（α-脂蛋白），它们的主要功能分别是转运外源脂肪、转运内源脂肪、转运胆固醇及逆转胆固醇。

10. 答：

载脂蛋白主要有 A、B、C、D、E 5 大类及许多亚类，如 A I、A II、C I、C II、C III、B48. B100 等。

载脂蛋白的主要作用是结合转运脂类并稳定脂蛋白结构，调节脂蛋白代谢关键酶，识别脂蛋白受体等，如 ApoA I 激活 LCAT，ApoC II 可激活 LPL，ApoB100、ApoE 识别 LDL 受体等。

六、论述题

1. 答：

人吃过多的糖造成体内能量物质过剩，进而合成脂肪贮存故可以发胖，基本过程如下：

葡萄糖→丙酮酸→乙酰 CoA→合成脂肪酸→酯酰 CoA

葡萄糖→磷酸二羟丙酮→3-磷酸甘油

脂酰 CoA＋3-磷酸甘油→脂肪（贮存）

脂肪分解产生脂肪酸和甘油，脂肪酸不能转变成葡萄糖，因为脂肪酸氧化产生的乙酰 CoA 不能逆转为丙酮酸，但脂肪分解产生的甘油可以通过糖异生而生成葡萄糖。

2. 答：

胰高血糖素增加激素敏感性脂肪酶的活性，促进脂酰基进入线粒体，抑制乙酰 CoA 羧化酶的活性，故能增加脂肪的分解及脂肪酸的氧化，抑制脂肪酸合成。胰岛素抑制 HSL 活性及肉碱脂酰转移酶Ⅰ的活性，增加乙酰 CoA 羧化酶的活性，故能促进脂肪合成，抑制脂肪分解及脂肪酸的氧化。

3. 答：

软脂酸→软脂酰 CoA（－2ATP）→7 次 β 氧化生成 8 分子乙酰 CoA＋7（$FADH_2$＋NADH＋H^+）

三羧酸循环：8 分子乙酰 CoA→三羧酸循环生成 CO_2＋H_2O＋96ATP

氧化磷酸化：7（$FADH_2$＋NADH＋H^+）→氧化磷酸化生成 H_2O＋35ATP

故 1 分子软脂酸彻底氧化生成 CO_2 和 H_2O，净生成 96＋35－2＝129（ATP）。

4. 答：

在正常生理条件下，肝外组织氧化利用酮体的能力大大超过肝内生成酮体的能力，血中仅含少量的酮体，在饥饿、糖尿病等糖代谢障碍时，脂肪动员加强，脂肪酸的氧化也加强，肝脏生成酮体大大增加，当酮体的生成超过肝外组织的氧化利用能力时，血酮体升高，可导致酮血症、酮尿症及酮症酸中毒。

巩固提高

1. 答：

1 分子软脂酸经 7 轮 β 氧化，产生 7 分子 $FADH_2$ 和 7 分子 NADH 及 8 分子乙酰 CoA；1 分子乙酰 CoA 经三羧酸循环产生 3 分子 NADH 和 1 分子 $FADH_2$ 及 1 分子 GTP（相当于 1 分子 ATP）；1 分子 NADH 氧化磷酸化产生 2.5 分子 ATP；1 分子 $FADH_2$ 氧化磷酸化产生 1.5 分子 ATP。

（1）抗霉素 A 存在时，能抑制电子从还原型泛醌到细胞色素 c_1 的传递，所以对 NADH 呼吸链和 $FADH_2$ 呼吸链均有抑制。1 分子软脂酸在抗霉素 A 存在时只能产生 8 分子 ATP，减去活化时消耗的 2 分子 ATP，净得 6 分子 ATP。

（2）安密妥能阻断电子从 NADH 向泛醌的传递，所以其能抑制 NADH 呼吸链，而对 $FADH_2$ 呼吸链无抑制作用。即安密妥存在时 1 分子软脂酸氧化产生 ATP 的数目是：（7＋8）×1.5＋8－2＝28.5。

2. 答：

硬脂酸为 18C 饱和脂肪酸，经 8 次 β 氧化产生 8 分子 NADH、8 分子 FADH$_2$ 和 9 分子乙酰 CoA，反应开始硬脂酸活化时，消耗 2 分子 ATP，所以硬脂酸完全氧化产生的 ATP 数为：$2.5 \times 8 + 1.5 \times 8 + 10 \times 9 - 2 = 120$。

软脂酸为 C16 饱和脂肪酸，同硬脂酸计算方法，共释放 ATP 数：$2.5 \times 7 + 1.5 \times 7 + 10 \times 8 - 2 = 106$。

含有一个或多个不饱和双键的脂肪酸完全氧化除了需要 β 氧化的酶以外，还需要 Δ3 -顺- Δ2 -反烯酯酰 CoA 异构酶、2,4 -二烯酯酰 CoA 还原酶和 2,3 -二烯酯酰 CoA 异构酶参与。含有一个双键，即少产生 1 分子 FADH$_2$。

油酸：单烯酸完全氧化产生的 ATP 数是 $120 - 1.5 = 118.5$。

亚油酸：二烯酸完全氧化产生的 ATP 数是 $120 - 3 = 117$。

第八章 氨基酸代谢

学习目标

1. 掌握蛋白质的生理功能，熟练掌握氨基酸的分解代谢途径。

2. 掌握氨的代谢途径，熟练掌握动物体内氨的来源与去路、谷氨酰胺的生成和α-酮酸的代谢途径。

3. 掌握非必需氨基酸的生物合成途径。

重点难点

1. 氮平衡、蛋白质的最低需要量、氨基酸的联合脱氨基。

2. 动物体内氨的来源与去路、尿素合成、α-酮酸的几种代谢途径、氨基酸的3种合成途径。

主要知识点

第一部分 蛋白质的营养作用

1. 饲料蛋白质的生理功能

（1）蛋白质以氨基酸形式吸收进入体内后，最重要的功能是合成自身所特有的蛋白质和其他活性物质。

（2）蛋白质在体内可以分解供能。

（3）转变为糖和脂肪等。

2. 氮平衡

一定时间内由饲料摄入的氮量和排出的氮量相等。一般蛋白质含氮量均在16%左右。

（1）氮的总平衡。即摄入的氮量与排出的氮量相等。

（2）氮的正平衡。即摄入的氮量多于排出的氮量。

（3）氮的负平衡。即摄入的氮量少于排出的氮量。

3. 蛋白质的生理价值与必需氨基酸

（1）对成年动物来说，在糖和脂肪充分供应的条件下，为了维持其氮的总平衡，至少必须摄入的蛋白质的量称为蛋白质的最低需要量。

（2）蛋白质的生理价值是指饲料蛋白被动物体合成组织蛋白的利用率。摄入生理价值较高的蛋白质时，其最低需要量便小，反之亦然。

（3）必需氨基酸。已知动物在合成其体蛋白时，所有 20 种氨基酸都是不可缺少的。但是，有些氨基酸，只要体内有氮源，动物即可由其他原料（主要是糖）合成，这些氨基酸称为非必需氨基酸。而另一些则在动物体内不能合成，或合成速度较慢，不能满足动物体的需要，故必须由饲料中供应，这些氨基酸称为必需氨基酸。正在生长的动物，已证明 10 种氨基酸是必需的，即：赖氨酸、甲硫氨酸、色氨酸、苯丙氨酸、亮氨酸、异亮氨酸、缬氨酸、苏氨酸、组氨酸和精氨酸。

第二部分　氨基酸的一般分解代谢

1. 动物体内氨基酸的代谢概况

动物体内氨基酸来源：①由消化道吸收的占 1/3（外源性氨基酸）；②体内蛋白质经组织蛋白酶催化分解产生的和由其他物质合成的占 2/3（内源性氨基酸）。内源性和外源性氨基酸共同组成氨基酸池，一起进行代谢。

大多数情况下，氨基酸的分解首先脱去氨基生成氨和 α-酮酸。生成的氨小部分用于合成某些含氮物质（包括氨基酸），大部分转变为代谢废物或直接排出体外。生成的 α-酮酸或是最终分解为 CO_2 和 H_2O，并释放能量，或是转变为糖或脂肪。有些可以再氨基化为氨基酸。

2. 氨基酸的脱氨基作用

（1）氧化脱氨基。氨基酸在酶的作用下，先脱去两个氢原子形成亚氨基酸，亚氨基酸再自动与水反应生成 α-酮酸和氨的过程，称氨基酸的氧化脱氨基作用。催化氨基酸氧化脱氨基作用的酶有 3 种，其中 L-谷氨酸脱氢酶活性最强，在动物体内分布很广，其辅酶是 NAD^+。

（2）转氨基作用。在酶的催化下，一个氨基酸分子上的 α-氨基，转移到一个 α-酮酸分子上，使原来的氨基酸变成 α-酮酸，而原来的 α-酮酸变成相应的氨基酸，这个过程称转氨基作用。催化此种反应的酶称为转氨酶。大多数转氨酶以 α-酮戊二酸为氨基的受体。最重要的转氨酶是谷草转氨酶、谷丙转氨酶。

（3）联合脱氨基。转氨基作用虽然在体内普遍进行，但仅是氨基的转移，而未彻底除去。氧化脱氨基虽然能把氨基酸的氨基真正移去，但又只有谷氨酸脱氢酶活跃。因此，体内大多数氨基酸的脱氨基是通过转氨基作用和氧化脱氨基作用两种方式联合起来进行的，称为联合脱氨基。即各种氨基酸先与 α-酮戊二酸进行转氨基作用，将其氨基转给 α-酮戊二酸，本身变成相应的 α-酮酸，而 α-酮戊二酸则接收氨基变成谷氨酸。然后在 L-谷氨酸脱氢酶的催化下进行氧化脱氨基，生成氨和 α-酮戊二酸。

3. 氨基酸的脱羧基作用

氨基酸脱羧基作用在氨基酸分解代谢中不是主要的途径，在动物体内只有很少量的氨基酸经过脱羧基作用产生 CO_2 和胺。例如：组氨酸→组胺，色氨酸→5-羟色胺，酪氨酸→儿茶酚胺类。

正常时，胺类作为中枢神经或外周神经的递素，具有较强的生理作用。胺类发挥其生理作用之后，迅速氧化成相应的醛和氨，醛再进一步氧化成酸；最后彻底分解。

第三部分　氨的代谢

1. 血氨的来源与去路

血液中所含有的氨称为血氨，正常情况下其保持动态平衡。

（1）血氨的来源。氨基酸脱氨基反应；胺类、嘌呤和嘧啶的分解产生；消化道吸收。

（2）血氨的去路。排出体外；合成非必需氨基酸；参与嘌呤、嘧啶等重要化合物的合成。

2. 谷氨酰胺的生成

在谷氨酰胺合成酶催化下，氨与谷氨酸结合生成谷氨酰胺。谷氨酰胺没有毒性，随血液运至其他组织进一步代谢。如：在肝中合成尿素，运至肾中氨释放出，而直接随尿排出，以及在各种组织中用于合成氨基酸和其他含氮物质。

肾小管上皮细胞中有谷氨酰胺酶，此酶水解谷氨酰胺，生成谷氨酸和氨。

3. 尿素的生成

哺乳动物体内氨的主要去路是合成尿素排出体外。此过程主要在肝中进行，是一个循环性反应，称为鸟氨酸循环。

在肝细胞的线粒体中，氨、CO_2 和 ATP 在氨甲酰磷酸合成酶的催化下合成氨甲酰磷酸。然后在氨甲酰基转移酶催化下，氨甲酰磷酸将氨甲酰基转移给鸟氨酸，生成瓜氨酸。瓜氨酸转移至胞液中，经两步反应生成精氨酸，其中氨基化所需的氨基来自天冬氨酸。精氨酸水解生成尿素和鸟氨酸。尿素无毒，随血液运至肾，随尿排出体外。而鸟氨酸则又进入线粒体再与氨甲酰磷酸合成瓜氨酸，重复上述循环过程。

鸟氨酸循环每经过一次循环，即由两个氨基和 1 分子 CO_2 形成 1 分子尿素。每生成 1 分子尿素需消化 4 个高能磷酸键。

4. 尿酸的生成和排出

（1）排氨。包括许多水生动物，排泄时需要少量的水。

（2）排尿素。绝大多数陆生脊椎动物。

（3）排尿酸。包括鸟类和陆生爬行动物。

第四部分　α-酮酸的代谢和非必需氨基酸的合成

20 种氨基酸脱氨后余下的碳架，分别进一步转化形成 7 种主要代谢中间产物：丙酮酸、乙酰 CoA、乙酰乙酰 CoA、α-酮戊二酸、琥珀酰 CoA、延胡索酸和草酰乙酸。降解为乙酰 CoA 或乙酰乙酰 CoA 的氨基酸称为生酮氨基酸。因为乙酰 CoA 或乙酰乙酰 CoA 于某些情况下（如饥饿、糖尿病等）在动物体内可转变为酮体。其余的氨基酸降解形成的是柠檬酸循环的中间产物和丙酮酸，它们能转变成磷酸烯醇式丙酮酸，然后再转变成葡萄糖，所以被称为生糖氨基酸。

1. α-酮酸的代谢

（1）α-酮酸的氨基化。由于转氨基作用和联合脱氨基作用都是可逆的，因而所有的 α-酮酸都可通过脱氨基作用的逆反应，接收氨基，生成相应的氨基酸。

（2）转变成糖和脂肪。当将氨基酸饲给人工糖尿病（切除胰腺或投给根皮苷）动物时，大多数氨基酸引起其尿中葡萄糖量增加，说明这些氨基酸在体内能转变成为葡萄糖，故这些氨基酸为生糖氨基酸（16 种）。有少数氨基酸使糖尿病动物尿中葡萄糖和酮体同时增加，即它们在体内可同时生成糖和酮体，这些氨基酸称为生糖兼生酮氨基酸（4 种）。只有亮氨酸在动物体内仅能转变成酮体，而不能生成糖，故称为生酮氨基酸。

（3）氧化分解。α-酮酸转变成丙酮酸、乙酰 CoA、乙酰乙酰 CoA、α-酮戊二酸、琥珀酰 CoA、延胡索酸、草酰乙酸等 7 种物质进入三羧酸循环，彻底氧化供能。

2. 非必需氨基酸的合成

非必需氨基酸的生物合成有如下 3 个途径。

（1）由 α-酮酸氨基化生成。如：α-酮戊二酸氨基化生成谷氨酸。

（2）由某些非必需氨基酸转变而来。如：鸟氨酸可以生成精氨酸。

（3）由某些必需氨基酸（或必需氨基酸与非必需氨基酸共同）转变而来。举例：①酪氨酸（非必需）由苯丙氨酸（必需）经过羟化作用转变而来。②半胱氨酸（非必需）由甲硫氨酸（必需）和丝氨酸（非必需）合成。

第五部分　个别氨基酸代谢

氨基酸除了上述共同性的代谢途径外，还有其特殊的代谢途径。下面仅介绍几种。

1. 提供一碳单位的氨基酸

在代谢过程中，某些化合物可以分解成为含一个碳原子的基团，这些基团称为"一碳单位"或"一碳基团"。它们的转移和代谢过程，统称为一碳单位代谢。但一碳单位代谢不包括 CO_2 的代谢。在一碳单位转移过程中，四氢叶酸起着辅酶的作用，四氢叶酸分子中，第 5 和第 10 位氮原子是携带一碳单位的位置。

色氨酸、甘氨酸、丝氨酸、组氨酸和甲硫氨酸的代谢。

一碳单位的相互转变。

2. 芳香族氨基酸的代谢转变

在正常情况下，苯丙氨酸在苯丙氨酸羟化酶作用下生成酪氨酸，然后通过酪氨酸代谢途径进行代谢。当体内缺乏苯丙氨酸羟化酶时，它脱氨基产生苯丙酮酸。后者再还原形成苯乳酸。这是一种先天性代谢病。苯丙氨酸转变成酪氨酸的反应是不可逆的。

酪氨酸经羟化作用生成多巴，多巴再脱羧生成儿茶酚胺类。多巴还可以合成黑色素。黑色素是体内某些组织的色素，若体内缺乏催化多巴生成黑色素的酪氨酸酶，则黑色素生成发生障碍，引起白化病。酪氨酸还是体内合成甲状腺激素的原料。酪氨酸转氨基生成对-羟苯丙酮酸，再继续氧化，脱羧，生成黑尿酸。黑尿酸氧化分解为延胡索酸和乙酰乙酸。延胡索酸可转变成葡萄糖，乙酰乙酸是酮体，因此，苯丙氨酸和酪氨酸是生糖兼生酮氨基酸。

色氨酸经过羧化作用和脱羧作用后转变成 5-羟色胺。色氨酸通过脱氨和脱羧作用生成吲哚乙酸，从尿中排出。色氨酸还可以生成尼克酸。

3. 含硫氨基酸的代谢（半胱氨酸、胱氨酸和甲硫氨酸）

胱氨酸和半胱氨酸可被氧化成牛磺酸，牛磺酸是胆汁酸盐的组成成分。胱氨酸和半胱氨酸可以通过氧化还原反应互相转变。甲硫氨酸在动物体内是一种甲基供体。

 **知识巩固**

一、单项选择题

1. 谷丙转氨酶的辅基是（　　　）

　　A. 吡哆醛　　　　　　　　　　　B. 磷酸吡哆醇

  C. 磷酸吡哆醛　　　　　　　　　　D. 吡哆胺

2. 硝酸还原酶属于诱导酶，下列因素中最佳诱导物为（　　　）

  A. 硝酸盐　　　　　B. 光照　　　　　C. 亚硝酸盐　　　D. 水分

3. 下列关于固氮酶的描述中，不正确的是（　　　）

  A. 固氮酶是由钼铁蛋白构成的寡聚蛋白

  B. 固氮酶是由钼铁蛋白和铁蛋白构成的寡聚蛋白

  C. 固氮酶活性中心富含 Fe 原子和 S^{2-} 离子

  D. 固氮酶具有高度专一性，只对 N_2 起还原作用

4. 苯丙酮尿症是先天性氨基酸代谢缺陷病，原因是（　　　）

  A. 缺乏苯丙氨酸氧化酶

  B. 缺乏二氢蝶啶氧化酶

  C. 缺乏酪氨酸氧化酶

  D. 缺乏苯丙氨酸羟化酶或二氢蝶啶还原酶

5. 一般认为植物中运输贮藏氨的普遍方式是（　　　）

  A. 经谷氨酰胺合成酶作用，NH_3 与谷氨酸合成谷氨酰胺

  B. 经谷氨酰胺合成酶作用，NH_3 与天冬氨酸合成天冬酰胺

  C. 经鸟氨酸循环形成尿素

  D. 与有机酸结合成铵盐

6. 一碳单位的载体是（　　　）

  A. 叶酸　　　　　　　　　　　　　B. 四氢叶酸

  C. 生物素　　　　　　　　　　　　D. 焦磷酸硫胺素

7. 代谢过程中，可作为活性甲基的直接供体是（　　　）

  A. 甲硫氨酸　　　　　　　　　　　B. S-腺苷蛋氨酸

  C. 甘氨酸　　　　　　　　　　　　D. 胆碱

8. 在鸟氨酸循环中，水解后为尿素的物质是（　　　）

  A. 鸟氨酸　　　　　B. 瓜氨酸　　　　　C. 精氨酸　　　D. 精氨琥珀酸

9. 糖分解代谢中 α-酮酸由转氨基作用可产生的氨基酸为（　　　）

  A. 苯丙氨酸、甘氨酸、谷氨酰胺　　B. 甲硫氨酸、天冬氨酸、半胱氨酸

  C. 谷氨酸、天冬氨酸、丙氨酸　　　D. 天冬酰胺、精氨酸、赖氨酸

10. NH_3 经鸟氨酸循环形成尿素的主要生理意义是（　　　）

  A. 对哺乳动物来说可消除 NH_3 毒性，产生尿素由尿排泄

  B. 对哺乳动物来说不仅可消除 NH_3 毒性，并且是 NH_3 贮存的一种
   形式

  C. 是鸟氨酸合成的重要途径

  D. 是精氨酸合成的主要途径

11. 参与嘧啶合成的氨基酸是（　　　）

    A. 谷氨酸　　　　　B. 赖氨酸　　　　　C. 天冬氨酸　　　D. 精氨酸

12. 可作为一碳单位供体的氨基酸有许多，不可能提供一碳单位的氨基酸为（　　　）

    A. 丝氨酸　　　　　B. 甘氨酸　　　　　C. 甲硫氨酸　　　D. 丙氨酸

13. 经脱羧酶催化脱羧后可生成 γ-氨基丁酸的是（　　　）

    A. 赖氨酸　　　　　B. 谷氨酸　　　　　C. 天冬氨酸　　　D. 精氨酸

14. 谷氨酸和甘氨酸可共同参与下列哪种物质的合成（　　　）

    A. 辅酶 A　　　　　B. 嘌呤碱　　　　　C. 嘧啶碱　　　　D. 叶绿素

15. 下列过程不能脱去氨基的是（　　　）

    A. 联合脱氨基作用　　　　　　　　　B. 氧化脱氨基作用

    C. 嘌呤核苷酸循环　　　　　　　　　D. 转氨基作用

16. 在由转氨酶催化的氨基转移过程中，磷酸吡哆醛的作用是（　　　）

    A. 与氨基酸的氨基生成 Schiff 碱

    B. 与氨基酸的羧基作用生成与酶结合的复合物

    C. 增加氨基酸氨基的正电性

    D. 增加氨基酸羧基的负电性

17. 肌肉中的游离氨通过下列哪种途径运到肝脏（　　　）

    A. 腺嘌呤核苷酸-次黄嘌呤核苷酸循环

    B. 丙氨酸-葡萄糖循环

    C. 嘌呤核苷酸-次黄嘌呤核苷酸循环

    D. 谷氨酸-谷氨酰胺循环

18. 动物体内氨基酸分解产生的 α-氨基，其运输和贮存的形式是（　　　）

    A. 尿素　　　　　　　　　　　　　　B. 天冬氨酸

    C. 谷氨酰胺　　　　　　　　　　　　D. 氨甲酰磷酸

19. 组氨酸转变为组胺是通过（　　　）

    A. 转氨基作用　　　　　　　　　　　B. 羟基化作用

    C. 脱羧作用　　　　　　　　　　　　D. 还原作用

20. 由甘氨酸转变为丝氨酸需要转移的甲叉基来自（　　　）

    A. S-腺苷蛋氨酸　　　　　　　　　　B. 甲叉 B_{12}

    C. N_5，N_{10}-四氢叶酸　　　　　　　D. 羧基化生物素

21. 帕金森病（Parkinson's disease）患者体内多巴胺生成减少，这是由于（　　　）

    A. 酪氨酸代谢异常　　　　　　　　　B. 蛋氨酸代谢异常

    C. 胱氨酸代谢异常　　　　　　　　　D. 精氨酸代谢异常

22. 多巴胺、去甲肾上腺素和肾上腺素统称儿茶酚胺，合成儿茶酚胺的限速酶是（　　）

  A. 丙氨酸转氨酶   B. 酪氨酸羧化酶

  C. 丝氨酸水化酶   D. 苏氨酸异构酶

23. 不参加尿素循环的氨基酸是（　　）

  A. 赖氨酸   B. 精氨酸   C. 鸟氨酸   D. 天冬氨酸

24. 氨基酸生物合成的调节主要依靠（　　）

  A. 氨基酸合成后的化学修饰

  B. 氨基酸合成后的转氨基作用

  C. 氨基酸合成过程中酶的别构和阻遏效应

  D. 氨基酸合成后的脱羧作用

25. 在下列哪种情况下，$E. coli$ 细胞内合成 ppGpp（　　）

  A. $E. coli$ 生长环境中缺乏氮源   B. $E. coli$ 生长环境中缺乏碳源

  C. $E. coli$ 生长环境的温度太高   D. $E. coli$ 生长环境的温度太低

26. 下列催化人体通过 α-酮酸正常获得非必需氨基酸的酶是（　　）

  A. 转氨酶   B. 脱水酶   C. 脱羧酶   D. 消旋酶

27. 生物体内牛磺酸是由哪种氨基酸脱羧而形成的（　　）

  A. 半胱氨酸   B. 甘氨酸   C. 酪氨酸   D. 亮氨酸

28. 下列关于尿素循环的叙述，正确的是（　　）

  A. 分解尿素提供能量

  B. 全部在线粒体内发生

  C. 将有毒的物质转变为无毒的物质

  D. 用非细胞的能量将人体内的 NH_3 转变成尿

29. 在氮的吸收途径中，氨中的氮原子首先出现在（　　）

  A. 谷氨酸的氨基氮   B. 天冬氨酸的氨基氮

  C. 谷氨酰胺的酰氨基氮   D. 天冬酰胺的酰氨基氮

二、填空题

1. 根据蛋白酶作用肽键的位置，蛋白酶可分为_____酶和_____酶两类，胰蛋白酶则属于_____酶。

2. 脯氨酸的合成是由_____通过几步反应后，_____而成。

3. 植物中联合脱氨基作用需要_____酶类和_____酶联合作用，可使大多数氨基酸脱去氨基。

4. 在线粒体内谷氨酸脱氢酶的辅酶多为_____；同时谷氨酸经 L-谷氨酸脱氢酶作用生成的酮酸为_____，这一产物可进入_____循环最终氧化为 CO_2 和 H_2O。

5. 动植物中尿素生成是通_____循环进行的，此循环每进行一周可产生 1 分子尿素，其尿素分子中的两个氨基分别来自_____和
_____。每合成 1 分子尿素需消耗_____分子 ATP。

6. Ala、Asp 和 Glu 都是生糖氨基酸，它们脱去氨基分别生成_____、
_____和_____。

7. 氨基酸氧化脱氨产生的 α-酮酸代谢主要去向是_____、
_____、_____、_____。

8. Trp 脱羧后生成_____，其生理作用是：在脑组织中_____，
在外周组织中_____。

9. 亚硝酸还原酶的电子供体为_____，而此电子供体在还原时的
电子或氢则来自_____或_____。

10. 写出常见的一碳单位中的四种形式_____、_____、
_____、_____。能提供一碳单位的氨基酸也有许多，请写出其
中的三种：_____、_____、_____。

11. 分解生成丙酮酸的氨基酸有_____、_____、_____、
_____和_____五种。

12. 分解生成乙酰乙酰辅酶 A 的氨基酸有_____、_____、_____、
_____、_____和_____五种。

13. 分解生成琥珀酰辅酶 A 的氨基酸有_____、_____和
_____三种。

14. 通过生成草酰乙酸进行分解的氨基酸有_____和_____
两种。

15. 多巴（二羟苯丙氨酸）和多巴醌（苯丙氨酸-3,4-醌）是酪氨酸在
_____酶的作用下转变为_____的中间产物。

16. 参与肌酸合成的三种氨基酸是_____、_____和
_____。

17. 谷氨酸脱去羧基后生成_____，它的生理作用是_____。

18. Leu、_____和_____是三种分支氨基酸，它们分解的
过程是先生成相应的酮酸，然后由_____酶催化脱氢，生成相应的酰
基 CoA。

19. 腐胺是_____脱羧后的产物，由腐胺衍生的精胺和亚精胺合称
多胺，这是因为_____。

20. 人体尿素的合成在_____脏中进行。

21. 三种芳香族氨基酸有一段共同的合成途径，起始物是_____和
_____，经过若干步骤生成莽草酸，然后再转变为_____。

三、名词解释

1. 蛋白酶（protease）

2. 肽酶（peptidase）

3. 氮平衡（nitrogen balance）

4. 生物固氮（biological nitrogen fixation）

5. 硝酸还原作用（nitric acid reduction）

6. 氨的同化（ammonia assimilation）

7. 转氨基作用（transamination）

8. 尿素循环（urea cycle）

9. 生糖氨基酸（glucogenic amino acid）

10. 生酮氨基酸（ketogenic amino acid）

11. 核酸酶（nuclease）

12. 限制性核酸内切酶（restriction endonuclease）

13. 氨基蝶呤（aminopterin）

14. 一碳单位（one carbon unit）

四、判断题

1. L-谷氨酸脱氨酶不仅可以使 L-谷氨酸脱氨基，同时也是联合脱氨基作用不可缺少的重要酶。（　　）

2. 蛋白酶属于单成酶，分子中含有活性巯基（—SH），因此烷化剂、重金属离子都能抑制此类酶的活性。（　　）

3. 氨基酸的碳骨架可由糖分解代谢过程中的 α-酮酸或其他中间代谢物提供，反过来过剩的氨基酸分解代谢中碳骨架也可通过糖异生途径合成糖。（　　）

4. 磷酸吡哆醛是转氨酶的辅基，转氨酶促反应过程中，其中醛基可作为催化基团能与底物形成共价化合物，即 Schiff 碱。（　　）

5. 动植物组织中广泛存在转氨酶，需要 α-酮戊二酸作为氨基受体，因此它们对与之相偶联的两个底物中的一个底物，即 α-酮戊二酸是专一的，而对另一个底物则无严格的专一性。（　　）

6. 脱羧酶的辅酶是 1-磷酸吡哆醛。（　　）

7. 非必需氨基酸和必需氨基酸是针对人和哺乳动物而言的，即它们是对人或动物不需或必需而言的。（　　）

8. 鸟氨酸循环（一般认为）第一步反应是从鸟氨酸参与的反应开始，首先生成瓜氨酸，而最后则以精氨酸水解产生尿素后，鸟氨酸重新生成而结束一个循环。（　　）

9. NADPH-硝酸还原酶是寡聚酶，它以 FAD^+ 和钼为辅因子，这些辅因

子参与电子传递。（　　　）

五、简答题

1. 当人长期禁食或糖类供应不足时，体内会发生什么变化？

2. 谷氨酸在体内的物质代谢中有什么重要功能？请举例说明。

3. 简明叙述尿素形成的机制和意义。

六、论述题

简要说明生物体内联合脱氨存在的方式和意义。

巩固提高

1. 如果 1 分子乙酰辅酶 A 经过三羧酸循环氧化成二氧化碳和水可产生 10 分子 ATP，则 1 分子丙氨酸在哺乳动物体内彻底氧化净产生多少分子 ATP？在鱼类体内又能产生多少分子 ATP？

2. 高蛋白低（无）糖饮食建议是当前比较流行的减肥方案，请分析其利弊。

知识拓展

1. 为什么蛋白质的生理价值越高蛋白质的最低需要量就越低？

2. 肝细胞中有大量的鸟氨酸和瓜氨酸，但它们从来不会参加到蛋白质分子之中。为什么？

3. 请查阅国内外膳食指南关于胆固醇摄入量的建议值的变化。据此你认为食物中的胆固醇究竟该不该限制？如何健康饮食？

4. 冬眠动物在几个月的冬眠期体内的氨基酸代谢率保持不变，那么它体内代谢产生的氨去哪了？有什么生理功能？

5. 严格素食主义者突然摄入大量的蛋白质容易发生氨中毒。对此怎么理解？

开放性讨论话题

1. 2018 年中美贸易战以来，我国饲料行业提出并推广低蛋白日粮，即将日粮蛋白质水平按 NRC 推荐标准降低 2%～4%，通过添加工业合成氨基酸，降低蛋白原料用量来满足动物对氨基酸需求（即保持氨基酸的平衡）的日粮。请根据国际贸易形势，国内外饲料资源分布等背景，谈谈你对低蛋白日粮技术的理解和认识。

2. 当你的家人或者朋友去采购氨基酸类保健品时，你对他有哪些建议？

参考答案

一、单项选择题

1. C　2. A　3. A　4. D　5. A　6. B　7. B　8. C　9. C　10. A　11. C
12. D　13. B　14. B　15. D　16. A　17. B　18. C　19. C　20. C　21. A　22. B
23. A　24. C　25. A　26. A　27. A　28. C　29. A

二、填空题

1. 肽链内切　肽链端解　内切　2. 谷氨酸　自发环化

3. 转氨　L-谷氨酸脱氢　4. NAD$^+$　α-酮戊二酸　三羧酸

5. 鸟氨酸（尿素）　NH$_3$　天冬氨酸　4

6. 丙酮酸　草酰乙酸　α-酮戊二酸

7. 再生成氨基酸　与有机酸生成铵盐　进入三羧酸循环氧化　生成糖或其他物质

8. 5-羟色胺　对神经有抑制作用　收缩血管

9. 还原型铁氧还蛋白（Fd）　光合作用光反应　NADPH

10. —CH$_3$　—CH$_2$OH　—CHO　—CH$_2$NH$_2$　甘氨酸　丝氨酸　苏氨酸（或组氨酸或甲硫氨酸）

11. Ala　Gly　Ser　Thr　Cys　12. Phe　Tyr　Leu　Lys　Trp

13. Met　Ile　Val　14. Asp　Asn　15. 酪氨酸　黑色素

16. Gly　Arg　Met　17. γ-氨基丁酸　抑制性神经递质

18. Val　Ile　α-酮戊二酸脱氢

19. 鸟氨酸　分子中含有许多氨基　20. 肝

21. 磷酸烯醇式丙酮酸　4-磷酸赤藓糖　分支酸

三、名词解释

1. 蛋白酶（protease）：又称肽链内切酶（endopeptidase），作用于多肽链内部的肽键，生成较原来含氨基酸数少的肽段，不同来源的蛋白酶水解专一性不同。

2. 肽酶（peptidase）：只作用于多肽链的末端，根据专一性不同，可在多肽的 N 端或 C 端水解氨基酸，如氨肽酶、羧肽酶、二肽酶等。

3. 氮平衡（nitrogen balance）：正常人摄入的氮与排出氮达到平衡时的状态，反映正常人的蛋白质代谢情况。

4. 生物固氮（biological nitrogen fixation）：利用微生物中固氮酶的作用，在常温常压条件下将大气中的氮还原为氨的过程（N$_2$＋3H$_2$→2NH$_3$）。

5. 硝酸还原作用（nitric acid reduction）：在硝酸还原酶和亚硝酸还原酶

的催化下，将硝态氮转变成铵态氮的过程，植物体内硝酸还原作用主要在叶和根进行。

6. 氨的同化（ammonia assimilation）：由生物固氮和硝酸还原作用产生的氨，进入生物体后被转变为含氮有机化合物的过程。

7. 转氨基作用（transamination）：在转氨酶的作用下，把一种氨基酸上的氨基转移到 α-酮酸上，形成另一种氨基酸。

8. 尿素循环（urea cycle）：尿素循环也称鸟氨酸循环，是将含氮化合物分解产生的氨转变成尿素的过程，有解除氨毒害的作用。

9. 生糖氨基酸（glucogenic amino acid）：在分解过程中能转变成丙酮酸、α-酮戊二酸、琥珀酰辅酶 A、延胡索酸和草酰乙酸的氨基酸称为生糖氨基酸。

10. 生酮氨基酸（ketogenic amino acid）：在分解过程中能转变成乙酰辅酶 A 和乙酰乙酰辅酶 A 的氨基酸称为生酮氨基酸。

11. 核酸酶（nuclease）：作用于核酸分子中的磷酸二酯键的酶，分解产物为寡核苷酸或核苷酸，根据作用位置不同可分为核酸外切酶和核酸内切酶。

12. 限制性核酸内切酶（restriction endonuclease）：能作用于核酸分子内部，并对某些碱基顺序有专一性的核酸内切酶，是基因工程中的重要工具酶。

13. 氨基蝶呤（aminopterin）：对嘌呤核苷酸的生物合成起竞争性抑制作用的化合物，与四氢叶酸结构相似，又称氨基叶酸。

14. 一碳单位（one carbon unit）：仅含一个碳原子的基团如甲基（CH_3—）、亚甲基（CH_2＝）、次甲基（CH≡）、甲酰基（O＝CH—）、亚氨甲基（HN＝CH—）等，一碳单位可来源于甘氨酸、苏氨酸、丝氨酸、组氨酸等氨基酸，一碳单位的载体主要是四氢叶酸，功能是参与生物分子的修饰。

四、判断题

1. √　2. √　3. √　4. √　5. √　6. √　7. ×　8. √　9. √

五、简答题

1. 答：

一般来说，蛋白质及其分解生成的氨基酸不进行氧化分解为生物体生长发育提供能量，但是在长期禁食的情况下或因疾病及其他原因，糖类供应不足导致糖代谢不正常时，氨基酸分解产生能量；过多的氨基酸分解在体内会生成大量的游离氨基，肝脏无力将这些氨基全部转变为尿排出体外，血液中游离氨基过多就会造成氨中毒，肝脏中游离氨基过多产生肝昏迷，脑组织中游离氨基过多导致死亡。

2. 答：

谷氨酸在生物体内具有非常重要的作用，主要有下列几点：①组成蛋白质的必需成分，是由基因编码的 20 种氨基酸之一。②脑中积累过多的游离氨会导致休克死亡，在正常情况下游离氨可与谷氨酸结合生成谷氨酰胺，通过血液运到肝脏，通过尿素循环生成尿素。③嘧啶核苷酸生成的第一步，就是由谷氨酰胺与二氧化碳和 ATP 在氨甲酰磷酸合成酶催化下，生成氨甲酰磷酸。④谷氨酰脱羧生成 γ-氨基丁酸，对神经有抑制作用。⑤L-谷氨酸脱氢酶在动植物和微生物中广泛分布，该酶使氨基酸直接脱去氨基的活力最强，在氨基酸的相互转化中起重要作用。⑥在氨基酸的分解代谢中，Pro、Arg、Gin 和 His 都是先转变为谷氨酸，再脱氨生成 α-酮戊二酸进一步分解。Pro 在体内的合成是由谷氨酸环化而成。

3. 答：

尿素在哺乳动物肝脏或某些植物如双孢蘑菇中通过鸟氨酸循环形成，对哺乳动物来说，它是解除氨毒性的主要方式，因为尿素可随尿液排出体外，对植物来说除可解除氨毒性外，形成的尿素是氮素的很好贮存形式和运输的重要形式，当需要时，植物组织存在脲酶，可使其水解重新释放出 NH_3，被再利用。尿素形成机制，见教材（略）（要求写出主要反应步骤至少示意出 NH_3 同化、尿素生成、第二个氨基来源等）。

六、论述题

答：

联合脱氨在生物体内各种氨基酸的相互转化中起非常重要的作用。一般来说有两个方面：①以谷氨酸脱氢酶为中心的联合脱氨。②嘌呤核苷酸循环的联合脱氨。虽然谷氨酸脱氢酶在体内广泛存在且活性高，但是在代谢比较旺盛的组织如骨骼肌、心肌、肝脏和脑组织中，是以嘌呤核苷酸循环的联合脱氨方式为主。

巩固提高

1. 答：

丙氨酸可经转氨基作用将氨基转给 α-酮戊二酸产生丙酮酸和谷氨酸。1 分子丙酮酸经过氧化脱羧形成 1 分子乙酰 CoA 和 1 分子 $NADH+H^+$。1 分子乙酰 CoA 在细胞内彻底氧化可产生 10 分子 ATP，1 分子 $NADH+H^+$ 通过呼吸链的氧化可产生 2.5 分子 ATP。1 分子谷氨酸在谷氨酸脱氢酶的催化下形成 1 分子 $NADH+H^+$、1 分子 α-酮戊二酸和 1 分子 NH_4^+。1 分子 NH_4^+ 在哺乳动物体内经过尿素循环转变成尿素需要消耗 4 分子 ATP。因此 1 分子丙氨酸在哺乳动物体内被彻底氧化可净产生 11（10＋2.5＋2.5－4）分子 ATP。如果是鱼类，则脱下的氨基可直接排出体外，不需要消耗 ATP，那么就可净产生 15 分子 ATP。

2. 答:

减肥的一般原理是，当身体在缺乏热量来源的情况下，肝糖原会先开始分解成葡萄糖来供给能量，然后分解肌肉的蛋白质，最后燃烧脂肪提供能量。由于高蛋白质减肥者饮食中的糖类不足，因此肝脏和肌肉的蛋白质都会迅速分解，体重在初期快速减轻，但这主要是因为减少了体内水分和肌肉，而不是脂肪。因此，高蛋白质低碳水化合物减肥方法效果不能持久。另外，长期下去会危害身体健康。因为长期高蛋白质饮食，会造成高血氨症，对肝脏和肾脏的代谢造成影响。而且糖类摄取过低，会造成脂肪代谢障碍，产生大量酮体，造成酮酸中毒。另外，长期高蛋白质饮食会造成钙质大量流失和尿钙增加，引发骨质疏松症或肾结石等疾病。

第 ⑨ 章　核酸代谢

主要知识点

第一部分　核苷酸的生物学功能

（1）核苷酸是核酸生物合成的基本原料和组成成分。如 NTP 和 dNTP 是 DNA 和 RNA 的合成原料，NMP 和 dNMP 是 DNA 和 RNA 的组成成分。

（2）核苷酸是体内能量的利用形式。如 ATP 为"能量货币"，CTP 参与磷脂合成，GTP 参与蛋白质的合成。

（3）核苷酸参与代谢和生理调节。如 cAMP 为细胞信号转导中重要的第二信使。

（4）核苷酸是辅酶的组成成分。如 FAD^+、NAD^+、CoA 分子中含有腺苷酸成分。

（5）核苷酸作为多种活性中间代谢物的载体。如 UDP-葡萄糖是糖原合成中的活性原料，SAM 是活性甲基的原料。

第二部分　核苷酸的合成代谢

1. 嘌呤核苷酸的合成

（1）从头合成途径。嘌呤核苷酸中的嘌呤环是由多种小分子化合物逐步组装而成的。

① 嘌呤核苷酸不是先合成嘌呤碱再与戊糖、磷酸结合，而是由 5-磷酸核糖合成 5-磷酸核糖-1-焦磷酸（PRPP）开始，先逐步合成为次黄嘌呤（IMP），然后再由 IMP 合成腺嘌呤核苷酸（AMP）和鸟嘌呤核苷酸（GMP）。催化这些反应的酶均存在于胞液中。

② AMP 和 GMP 是嘌呤核苷酸生物合成的反馈抑制剂。

③ AMP 和 GMP 可分别转变为相应的二磷酸核苷和三磷酸核苷。

（2）补救途径。腺嘌呤核糖磷酸转移酶和次黄嘌呤-鸟嘌呤核糖转移酶催化下腺嘌呤和鸟嘌呤（次黄嘌呤）分别生成 AMP 和 GMP（IMP）。

2. 嘧啶核苷酸的合成

（1）从头合成途径。嘧啶环由氨甲酰磷酸和天门冬氨酸合成。嘧啶核苷酸的合成与嘌呤核苷酸合成不同，它是先装配好嘧啶环，而后再与磷酸核糖基团结合，形成乳清酸核苷酸（OMP）。再转化为其他嘧啶核苷酸。

① 在动物体内合成嘧啶时，氨甲酰磷酸合成是在胞液中进行的，而且谷氨酰胺是氨基供体，反应消耗 2 分子 ATP，由氨甲酰合成酶催化。氨甲酰磷酸与天门冬氨酸反应生成氨甲酰天门冬氨酸，然后脱水闭环形成二氢乳酸，随后脱氢转变为乳清酸，再从 PRPP 中得到磷酸核糖基团生成乳清苷酸，它再经脱羧形成尿嘧啶核苷酸（UMP）。

② UMP 可以生成二磷酸尿苷（UDP）和三磷酸尿苷（UTP）。

③ UTP 经氨基化生成三磷酸胞苷（CTP）。

④ CTP 可以生成二磷酸胞苷（CDP）和胞嘧啶核苷酸（CMP）。

（2）补救途径。

① 在尿苷磷酸化酶催化下尿嘧啶和 1-磷酸核糖生成尿苷，然后尿苷在尿苷激酶的作用下生成 UMP（较为重要）。

② 在 UMP 磷酸核糖转移酶催化下，尿嘧啶和 5-磷酸核糖-1-焦磷酸生成 UMP。

3. 脱氧核糖核苷酸的合成

脱氧核糖核苷酸主要是由二磷酸核苷还原所生成。哺乳动物中已分离出核糖核苷酸还原酶，它包括二磷酸核苷还原酶、硫氧还蛋白（具有氧化型和还原型）和硫氧还蛋白还原酶。

① 在二磷酸核苷还原酶催化下，将二磷酸核苷还原为二磷酸脱氧核苷，而硫氧还蛋白提供两个氢原子后由还原型转变为氧化型。氧化型硫氧还蛋白在硫氧还蛋白还原酶的催化下转变为还原型硫氧还蛋白。此反应的氢是由 NAD-PH+H$^+$ 提供的。

② 二磷酸核苷还原酶特异性不高，可催化 4 种二磷酸核苷（NDP）转变为 4 种脱氧二磷酸核苷（dNDP）。

③ dNDP 可以生成 dNTP 和 dNMP。

④ 胸苷酸合成：尿嘧啶脱氧核苷酸（dUMP）甲基化生成 dTMP，dTMP 可以生成 dTDP 和 dTTP。

第三部分　核苷酸的分解代谢

1. 嘌呤的分解

嘌呤在不同种类的动物中分解的最终产物不同。在人和灵长类、鸟类、爬虫类及大部分昆虫中，嘌呤分解代谢的最终产物是尿酸。灵长类以外的哺乳动物都分泌尿囊素（尿酸氧化形成）。某些硬骨鱼类排出尿囊酸（尿囊素经水合作用形成）；两栖类和大多数鱼类进一步分解为尿素和乙醛酸。某些海生无脊椎动物中尿素再分解成 NH_3 和 CO_2。进化过程中包括人在内的灵长类失去了继续分解尿酸的酶。

2. 嘧啶的分解

胞嘧啶经水解脱氨转化为尿嘧啶。尿嘧啶和胸腺嘧啶首先被还原为相应的二氢衍生物，然后开始生成 β-氨基酸、NH_3 和 CO_2。β-氨基酸可进一步进行代谢，也有小部分直接随尿排出体外。

第四部分　DNA 的生物合成

1. DNA 复制的半保留性

1953 年 Watson 和 Crick 提出 DNA 双螺旋模型的同时提出了 DNA 的复制是半保留复制的原则：在复制开始时亲代 DNA 双链间的氢键断裂；双链分开，然后以第一条链为模板，分别复制出与其互补的子代链，从而使一个 DNA 分子转变为与之完全相同的两个 DNA 分子。可见按照这种方式复制出来的每个子代双链 DNA 分子中，都含有一半来自亲代的旧链和一条新合成的 DNA 链，所以把这种复制方式称为半保留复制。

2. DNA 复制的酶学和蛋白因子

（1）DNA 聚合酶。大肠杆菌 DNA 聚合酶有 3 种。

① DNA 聚合酶 I 型具有 $3'\rightarrow5'$ 外切、$5'\rightarrow3'$ 外切和 $5'\rightarrow3'$ 合成的活性。

生理功能：修复 DNA 的损伤、DNA 复制过程中切除 RNA 引物。

② DNA 聚合酶 II 的生理功能可能与 DNA 聚合酶 I 相似。但无 $5' \rightarrow 3'$ 方向的外切活性。

③ DNA 聚合酶 III 是 DNA 合成的主要酶：具有 $3' \rightarrow 5'$ 外切和 $5' \rightarrow 3'$ 合成活性，但是无 $5' \rightarrow 3'$ 外切活性。真核生物有 6 种不同的 DNA 聚合酶。

（2）DNA 连接酶。广泛存在于真核和原核生物中，催化 DNA 双链中缺口处 $5' - P$ 和 $3' - OH$ 之间的共价连接。在动物细胞中需要 ATP，而在大肠杆菌中需要 NAD^+。

（3）参与 DNA 双链解开的酶类和蛋白质。

① rep 蛋白：能在复制叉处活跃地解开亲代 DNA 分子的双股螺旋链。每解开一对碱基需水解两个 ATP 分子。

② 螺旋降稳蛋白（HDP）：又称单链结合蛋白。这一类蛋白结合到由 rep 蛋白解链作用而形成的单链 DNA 上，使其稳定下来。

③ 旋转酶（又称拓扑异构酶 II）：它的作用是将松弛型环状双链 DNA 分子切开一条链，并水解 ATP 供能，引入负的超螺旋应力，而后封口。使松弛型闭环双链 DNA 变成具有负应力的超螺旋分子。无 ATP 时它具有解链酶的作用，通过切口，再封口，放出超螺旋应力。这两种作用都有利于亲代 DNA 双股链在复制叉处分开。

（4）合成引物的酶和有关蛋白因子。引物酶又称 DnaG 蛋白。它的作用是合成 RNA 引物。但是它不能直接结合到复制叉上，必须在 HDP 结合的某一部位 DnaB 蛋白取代 HDP。在 DnaB 蛋白结合之后引物酶可以与 DnaB 蛋白结合，并合成 RNA 引物。

3. DNA 复制从起点开始，以 $5' \rightarrow 3'$ 方向合成

大肠杆菌环状染色体 DNA 中只有一个复制起点。真核生物每一条染色体 DNA 中，有许多个复制起点。复制从起点开始，而后向两个相反方向伸展进行 DNA 复制。

DNA 双螺旋解开，分别以其中一条链为模板开始 DNA 新链的合成。此时形成一种动态的 Y 形结构，称为复制叉。实验证明细菌复制从起点开始双向复制，如果是环形 DNA 分子，两个复制叉在复制起点的对面会合。

DNA 复制的功能单位称为复制子，一个复制子只含一个专一复制起点和复制结束的终点。一个完整的复制子在一个细胞周期中只复制一次。细菌病毒和线粒体只有单一复制子。真核生物染色体则由多个复制子组成。

4. DNA 复制过程

DNA 复制是一个非常复杂的过程，尤其是复制的起始。DNA 复制由 $5' \rightarrow 3'$ 方向合成，分为 3 个步骤，参与因子和酶很重要。

(1) 起始复合体的形成（起始）。DNA 复制是在一个专一的位点开始，称为复制起点。复制起始主要是解开 DNA 双链，至少有 8 种不同的酶或蛋白质参与。起始反应的关键成分，大约有 20 个 DnaA 蛋白分子复合物与起始点内 9 bp 的重复序列结合。结合反应需要 ATP 供能，HU 蛋白（细菌的类组蛋白）与 DNA 结合，促使双链 DNA 弯曲。复制起点需含 A/T 碱基对，这种结构有利于 DNA 螺旋解链。DnaA 蛋白能识别复制起始点富含 A/T 的 3 个 13 bp 重复序列区，DnaA 蛋白的结合使 DNA 连续不断地变性，启动解链过程。

同时 DnaB 和 DnaC 与反应区域相结合。DnaB 蛋白是一种使 DNA 双向解链的解旋酶。螺旋解开和新链合成形成一个 Y 形结构，称为复制叉。原核生物如线粒体和病毒只有一个复制叉，而真核生物的 DNA 分子比较长，复制速度较慢，故有多个复制叉。

多个单链结合蛋白（SSB）分子与解开的单链 DNA 稳定结合，防止 DNA 重新结合（复性）。拓扑异构酶可消除 DnaB 螺旋酶反应所产生的拓扑应力。

每一细胞周期 DNA 复制只会出现一次，并有着精密的调节机制。

(2) DNA 链的延长。延长包括新 DNA 链的延伸和复制叉的移动过程。

复制叉处 DNA 解链酶（helicase）解开亲代 DNA 链，DNA 拓扑酶消除由解螺旋所产生的拓扑应力，SSB 蛋白稳定分开的单链。前导链和滞后链合成过程完全不同。

前导链合成时，引物酶 RNA 聚合酶共同作用。开始在复制起点合成一个有 10～66 个核苷酸的 RNA 引物，然后由 DNA 聚合酶Ⅲ将脱氧核糖核苷加在引物上，一旦合成开始，前导链的合成就连续进行，并与复制叉移动保持同步，每一 DNA 片段都有自己的 RNA 引物。

滞后链的合成是一个较为复杂的过程，是与复制移动方向相反的方向不连续合成。二聚体 DNA 聚合酶Ⅲ和一些专一的蛋白质参与这一合成过程。聚合酶Ⅲ的一个单体催化滞后链的复制，另一个催化前导链的复制。滞后链模板绕成一个环，这样两条亲代链就可以同一方向通过聚合酶。引物酶与滞后链模板上的预引物蛋白形成引发体。引发体催化 RNA 引物的合成。引发体以 $5'→3'$ 方向和复制叉移动保持同步，沿着滞后链模板移动，由于它的移动，引发体促使引物酶间断地合成一段短的 RNA（10～60 残基），然后 DNA 聚合酶Ⅲ在引物上延伸 DNA。合成一些短的 DNA 片段，称为冈崎（Okazaki）片段。引物酶合成方向与 DNA 聚合酶Ⅲ合成方向相反。当一段新的冈崎片段合成后 DNA 聚合酶Ⅰ利用 $5'→3'$ 外切酶活性将 RNA 引物切除，又用同一酶再合成一段 DNA 作为替换，留下的缺口由 DNA 连接酶封口。

(3) 终止。细菌环状染色体的两个复制叉向前推移，最后在终止区（terminus region）相遇并停止复制，该区含有多个约 22 bp 的终止子（termina-

tor，Ter）位点。与 Ter 位点结合的蛋白质称为 Tus（terminus utilization substance）。Tus - Ter 复合物只能够阻止一个方向的复制叉前移，即不让对侧复制叉超过终点后过量复制。

5. DNA 复制具有高度的真实性

保证 DNA 复制的高度真实性有 3 个主要因素：即外切酶活性、复制体的复杂性和使用 RNA 引物。

6. DNA 的损伤和修复

细菌有多种 DNA 修复系统。较简单的微生物如大肠杆菌（*E. coli*）具有多种修复被损坏的 DNA 的机制。真核和原核生物的主要 DNA 修复过程类似，共有 5 类，即光修复、切除修复、重组修复、错配修复、SOS 修复。

（1）光修复。光修复是由于可见光（300～500 nm）激活修复酶，该酶能分解紫外线照射形成的嘧啶二聚体。

光修复具有高度专一性，它只能作用于紫外线引起的嘧啶二聚体。这种酶分布很广泛，从细菌到鸟类都存在，但哺乳类和人类体内缺乏此酶，说明生物进化过程中，在高等动物体内以暗修复代替了光修复，从而失去了光修复酶。

（2）切除修复。是在一系列酶的作用下，把 DNA 分子中损伤的部分切除，并以完整的一条链作为模板，合成被切去的部分，而后使 DNA 恢复正常结构的过程。这是比较普通的一个修复机制。

它对多种损伤均能起作用，切除修复分为四步进行：

① 由特异核酸内切酶在 DNA 损伤部位将 DNA 单链切断。

② 核酸外切酶以 $5' \rightarrow 3'$ 的方向切除含有嘧啶二聚体的损伤片段。

③ 以另一条完整的链为模板，由 DNA 聚合酶在缺口处进行修复合成。

④ 最后由连接酶将新合成的 DNA 链与原来的链连接在一起。

切除修复多发生在 DNA 复制之前，故称为复制前修复。然而也可以进行复制后修复。

（3）重组修复。有时在进行 DNA 修复之前，受损伤 DNA 链常常还能进行复制。在这种情况下，受损伤亲代链的复制受损伤碱基的干扰，跨过这段损坏序列后，此时在一个新的起点继续开始复制，此时新合成的子代链的碱基序列中就有了一个缺口。这种缺口可以通过重组修复机制纠正。这种修复机制有些类似遗传重组。重组修复时，两条子代链相互作用，第二个子代分子中正常姊妹链的相互片段插入子代分子中带有缺口的链，正常姊妹链中所产生的缺口正位于未损伤链相应的对侧，可通过 DNA 聚合酶利用正常链作模板复制 DNA 来填补，连接酶封口，DNA 得到修复。

（4）错配修复。复制过程中，DNA 聚合酶将不正确的碱基掺入 DNA 链而形成一些非 Watson - Crick 配对形式。当 DNA 聚合酶 I 和 II 的校正功能不能纠正这种错误时，它可以通过错配修复机制来消除。错配修复机制是建立在DNA出现的甲基化的基础上，在复制过程中，含有所需要甲基化的碱基的亲代链充分甲基化。由于 DNA 甲基化滞后于 DNA 的合成，新的子代 DNA 链在合成的大部分时期里，保持着非甲基化。错配修复系统里有既能识别非甲基序列又能识别新合成的子代链中的错配碱基对的能力。

被识别的非甲基化序列就作为修复的目标链。修复过程包括切除一段含有错配碱基的非甲基化序列，然后重新合成一段正确的碱基序列来替换被切除的碱基序列。大肠杆菌中的错配修复装置是一个多酶系统。它由解螺旋酶Ⅱ、单链结合蛋白和其他几种蛋白质组成。甲基化的 DNA 位点的序列组成是GATC，其中腺嘌呤为 N6 甲基化。

（5）SOS 修复。SOS 反应是细胞内一组复杂反应过程，它是一种细菌受到潜在致死性突变剂，如紫外线、烷基化试剂或交联剂等的作用而产生的应激反应。DNA 损伤非常严重时，会使正常 DNA 复制终止并启动应激反应，导致细胞内多种蛋白质水平有规律地增加，这种效应称为 SOS 反应。诱导产生的某些蛋白质起 DNA 修复作用。但大量被诱导的蛋白质是专一复制系统的成分，这种复制系统能在由于 DNA 损伤而使 DNA 聚合酶Ⅲ作用被阻断的情况下进行 DNA复制。此时在损伤的位点进行正确配对是不可能的。这种跨越损伤的复制是易错修复（error‑prone repair）。这种反应引起突变的增强与复制精确的重要性原则并不矛盾，产生突变实际上会使许多细胞死亡。突变的细胞存活下来总是比细胞死亡更有利。并通过几种酶的协同诱导作用实现被损伤的 DNA 的修复。

7. RNA 指导下的 DNA 合成（逆转录）

逆转录也称反转录，是某些生物（如鸡的肉瘤病毒、HIV 等）的特殊复制方式。它们的遗传信息载体是 RNA 而不是 DNA。因此，在感染细胞时，首先经过逆转录作用成为双链 DNA，才能整合到宿主基因组中去。这个过程由逆转录酶催化，它具有以 RNA 为模板合成 DNA、水解杂交链上的 RNA 以及以 DNA 为模板合成 DNA 3 种活性。

逆转录现象和逆转录酶（reverse transcriptase）（H. Temin，1970）是分子生物学研究中的重大发现，是对经典中心法则的重要补充。

第五部分　RNA 的生物合成

转录：在 DNA 指导下 RNA 的合成称为转录，也就是以一段 DNA 的遗传信息为模板，在 RNA 聚合酶作用下，合成出对应的 RNA 的过程，其产物为 mRNA、rRNA、tRNA、microRNA、lncRNA 等。

1. DNA 指导下 RNA 的合成

转录作用是 DNA 指导的 RNA 合成作用。反应以 DNA 为模板，在 RNA

聚合酶催化下，以 4 种三磷酸核苷（NTP）即 ATP、GTP、CTP 及 UTP 为原料，各种核苷酸之间的 3′,5′-磷酸二酯键相连进行的聚合反应。合成反应的方向为 5′→3′。反应体系中还有 Mg^{2+}、Mn^{2+} 等参与，反应中不需要引物参与。碱基互补原则为 A-U、G-C，在 RNA 中 U 替代 T 与 A 配对。

转录作用开始时，RNA 聚合酶结合于基因的特定部位，在此附近 DNA 双键打开约 17 bp，形成一转录泡，进行核苷酸的聚合反应。随着 RNA 聚合酶沿着 DNA 模板链向 5′末端的方向移动，核苷酸的聚合反应继续进行。

转录单位：RNA 链的转录起始于 DNA 模板的特定起点，并在下游终点处终止，此转录区域称为转录单位。

（1）DNA 指导的 RNA 聚合酶。DNA 指导的 RNA 聚合酶以 4 种 NTP 为底物，需要 DNA 作为模板，Mg^{2+} 能促进反应，RNA 的合成方向为 5′→3′。反应是可逆的，焦磷酸分解使反应趋向聚合。RNA 聚合酶催化的反应无须引物，缺少二重校对。

① 原核生物的 RNA 聚合酶：只有 1 种，E. coli RNA 聚合酶全酶分子质量为 46 万 u，由 6 个亚基组成，为 $\alpha_2\beta\beta'\sigma\omega$，另有两个 Mg^{2+}。无 σ 亚基的酶叫核心酶，核心酶只能使已开始合成的 RNA 链延长，而不具备起始合成活性，加入 σ 亚基后，全酶才具有起始合成 RNA 的能力，因此，σ 亚基称为起始因子。

RNA 聚合酶具有多种功能：A. 它可从 DNA 分子中识别转录的起始部位；B. 促进与酶结合的 DNA 双链分子打开 17 个碱基对；C. 催化适当的 NTP 以 3,5-磷酸二酯键相连接，如此连续进行聚合反应完成一条 RNA 转录本的合成；D. 识别 DNA 分子中的转录终止信号，促使聚合反应停止。RNA 聚合酶还参与转录水平的调控。

原核生物 RNA 聚合酶的几个特点：A. 聚合速度比 DNA 复制的聚合反应速度慢；B. 缺乏 3′→5′外切酶活性，无校对功能，RNA 合成的错误率比 DNA 复制高很多；C. 原核生物 RNA 聚合酶的活性可以被利福霉素及利福平所抑制，这是由于它们可以和 RNA 聚合酶的 β 亚基相结合，而影响到酶的作用。

② 真核生物的 RNA 聚合酶：有 3 种，即 RNA 聚合酶Ⅰ，负责转录 rRNA；RNA 聚合酶Ⅱ，催化转录 mRNA，是真核生物中最活跃的 RNA 聚合酶；RNA 聚合酶Ⅲ，催化转录 tRNA 和其他小分子 RNA。这 3 种 RNA 聚合酶相对分子质量都在 50 万左右，亚基数分别为 8~14，并含有 Mn^{2+}。

（2）启动子和转录因子。启动子是指 RNA 聚合酶识别、结合并开始转录所必需的一段 DNA 序列；RNA 聚合酶起始转录时需要的一些辅助因子（蛋白质）称为转录因子。

① 原核生物启动子：原核生物的启动子大约有 55 bp 长，不同的启动子都

存在两个保守序列，包括 RNA 聚合酶识别位点和结合位点：

A．－10 序列（Pribnow box）：TATAAT，为 RNA 聚合酶牢固的结合位点，是启动子的关键部位。

B．－35 序列（Sextama box）：TTGACA，为 RNA 酶的识别区域。

一般认为－10 序列和－35 序列间的距离对 RNA 聚合酶的定位是重要的。

② 真核生物启动子：真核生物有三种 RNA 聚合酶，它们的启动子各有其结构特点。

A．RNA 聚合酶 I 使用的启动子：由隔开约 70 bp 的两个保守区域构成。

B．RNA 聚合酶 II 使用的启动子：最复杂和多样。有 3 个保守区：

a．TATA 框（Hogness 框），中心在－25 至－30，长度 7bp 左右，它使 DNA 双链解开，并决定转录的起点位置，控制转录的精确性。

b．CAAT 框，中心在－75 处，9bp，共有序列 GCCAATCT，控制转录起始频率，其数目和种类决定了启动子的强度。

c．GC 框，在 CAAT 框上游，序列为 GGGCGG，与某些转录因子结合。

C．RNA 聚合酶 III 使用的启动子：位于＋55bp 位置。

③ 转录因子：真核 RNA 聚合酶 II 的转录起始复合物的装配需要普遍转录因子（TF II）的协助。

（3）链的延伸和延伸因子。转录起始后，σ 亚基释放，离开核心酶，使核心酶的 β′ 亚基构象变化，与 DNA 模板亲和力下降，在 DNA 上移动速度加快，使 RNA 链不断延长。转录起始后，σ 亚基便从全酶中解离出来，然后 nusA 亚基结合到核心酶上，由 nusA 亚基识别序列。

真核生物有诸多延伸因子参与延伸，主要是阻止转录的暂停或终止。RBP1 的 CTD 协调转录和转录后加工。

（4）终止子和终止因子。提供转录终止信号的一段 DNA 序列为终止子；协助 RNA 聚合酶识别终止子的蛋白质辅助因子则为终止因子。大肠杆菌中的两类终止子，其中一类称为需要 ρ（rho）因子的蛋白质的帮助，终止序列具有反向重复，转录产物形成发夹结构；另一类不需 ρ 因子辅助，除具有发夹结构外，在终止点前有一寡聚 U 序列，回文对称区通常有一段富含 GC 的序列，寡聚 U 序列可能提供信号使 RNA 聚合酶脱离模板。

（5）转录的调节控制。转录的调节是基因表达调节的重要环节，包括时序调节和适应调节。

原核生物的操纵子既是表达单位，也是协同调节的单位。调节有正调节和负调节，原核生物以负调节为主。

受一种调节蛋白所控制的调节系统称为调节子。不同调节子之间相互影响形成调节网络。

真核生物的转录调节与原核生物有相同之处，也有显著的不同。①真核生物基因不组成操纵子；②真核生物存在大量顺式作用元件和反式因子，调节更复杂；③真核生物的调节以正调节为主，可诱导因子以共价修饰为主；④真核生物具有染色质结构水平上的调节。

（6）RNA 生物合成的抑制剂。RNA 生物合成的抑制剂包括嘌呤和嘧啶类似物、DNA 模板抑制物和 RNA 聚合酶抑制物。它们有些可在临床上作为抗生素和抗肿瘤药物，有些只能在实验室供试验用。

2. RNA 的转录后加工

RNA 在转录后需要经过一系列复杂的加工过程才能成为成熟的 RNA 分子。

（1）原核生物中 RNA 的加工。原核生物的稳定 RNA（rRNA 和 tRNA）存在切割、修剪、附加、修饰和异构化等加工过程，mRNA 一般在转录的同时即能进行翻译。

（2）真核生物中 RNA 的一般加工。真核生物 rRNA 与 tRNA 前体的加工过程与原核生物相似，其 mRNA 存在特殊结构，mRNA 加工过程更为复杂，其加工包括 $5'$ 端加帽和 $3'$ 端多聚腺苷酸化。真核生物 RNA 还存在剪接、编辑和再编码等信息加工过程。信息加工可以抽提有用信息；消除错误，适应调节和选择性的表达。RNA 的功能多种多样，归根结底是遗传信息的传递、加工和表达。

RNA 加工的类型有：

剪切及剪接：剪切就是剪去部分序列；剪接是指剪切后又将某些片段连接起来。

末端添加核苷酸：例如 tRNA 的 $3'$ 末端添加 CCA。

修饰：在碱基及核糖分子上进行化学修饰。

mRNA 的前体是非均一 RNA（hnRNA），hnRNA 需要经过复杂的加工过程才能转变为成熟的 mRNA。其过程包括：①剪接；②"加帽"；③加尾；④化学修饰。

（3）RNA 的剪接、编辑与再编码。

① RNA 的剪接：RNA 初级转录物除去内含子的过程称为剪接。剪接有组成性剪接和选择性剪接两种类型。组成性剪接是指一个基因原初转录产物被去掉全部内含子，只产生一种成熟的 mRNA；选择性剪接是有选择性地去掉内含子。

② RNA 的编辑：改变 RNA 编码序列的方式称为 RNA 编辑，可以通过酶促脱氨和氨基化以及插入或删除若干核苷酸的方式进行编辑，编辑方向为 $3' \rightarrow 5'$。

③ RNA 的再编码：RNA 编码和读码方式的改变称为再编码。

④ RNA 生物功能的多样性：RNA 在遗传信息的翻译中起着决定作用；RNA 具有重要的催化功能和其他持家功能；RNA 转录后加工和修饰依赖于各类小 RNA 和其蛋白质复合物；RNA 对基因表达和细胞功能有重要的调节作用；RNA 在生物进化中起重要的作用。

⑤ RNA 的降解：RNA 降解是涉及基因表达调节的一个重要环节。rRNA 和 tRNA 是稳定的 RNA，其更新率较低；mRNA 是不稳定的 RNA，其更新率非常高。

知识巩固

一、单项选择题

1. 合成嘌呤环的氨基酸为 （　　　）
   - A. 甘氨酸、天冬氨酸、谷氨酸
   - B. 甘氨酸、天冬氨酸、谷氨酰胺
   - C. 甘氨酸、天冬酰胺、谷氨酰胺
   - D. 蛋氨酸、天冬酰胺、谷氨酸

2. 嘌呤核苷酸的主要合成途径中首先合成的是 （　　　）
   - A. AMP
   - B. GMP
   - C. IMP
   - D. XMP

3. 生成脱氧核苷酸时，核糖转变为脱氧核糖发生在 （　　　）
   - A. 1-焦磷酸-5-磷酸核糖水平
   - B. 核苷水平
   - C. 一磷酸核苷水平
   - D. 二磷酸核苷水平

4. 下列氨基酸中，直接参与嘌呤环和嘧啶环合成的是 （　　　）
   - A. 天冬氨酸
   - B. 谷氨酰胺
   - C. 甘氨酸
   - D. 谷氨酸

5. 嘌呤环中的 N7 来自 （　　　）
   - A. 天冬氨酸
   - B. 谷氨酰胺
   - C. 甲酸盐
   - D. 甘氨酸

6. 嘧啶环的原子来源于 （　　　）
   - A. 天冬氨酸、天冬酰胺
   - B. 天冬氨酸、氨甲酰磷酸
   - C. 氨甲酰磷酸、天冬酰胺
   - D. 甘氨酸、甲酸盐

7. 脱氧核糖核酸合成的途径是 （　　　）
   - A. 从头合成
   - B. 在脱氧核糖上合成碱基
   - C. 核糖核苷酸还原
   - D. 在碱基上合成核糖

8. 生物体内大多数氨基酸脱去氨基生成 α-酮酸是通过下面哪种作用完成的 （　　　）
   - A. 氧化脱氨基
   - B. 还原脱氨基
   - C. 联合脱氨基
   - D. 转氨基

9. 下列可以通过转氨作用生成 α-酮戊二酸的氨基酸是 （　　　）

    A. Glu   B. Ala   C. Asp   D. Ser

10. 转氨酶的辅酶是（　　　）

    A. TPP   B. 磷酸吡哆醛

    C. 生物素   D. 核黄素

11. 以下对 L-谷氨酸脱氢酶的描述，错误的是（　　　）

    A. 它催化的是氧化脱氨反应

    B. 它的辅酶是 NAD^+ 或 $NADP^+$

    C. 它和相应的转氨酶共同催化联合脱氨基作用

    D. 它在生物体内活力不强

12. 鸟氨酸循环中，尿素生成的氨基来源（　　　）

    A. 鸟氨酸   B. 精氨酸   C. 天冬氨酸   D. 瓜氨酸

13. 嘌呤环中第 4 位和第 5 位碳原子来自下列哪种化合物（　　　）

    A. 甘氨酸   B. 天冬氨酸   C. 丙氨酸   D. 谷氨酸

14. 嘌呤核苷酸的嘌呤核上第 1 位 N 原子来自（　　　）

    A. Gly   B. Gln   C. Asp   D. 甲酸

15. dTMP 合成的直接前体是（　　　）

    A. dUMP   B. TMP   C. TDP   D. dUDP

16. 人体排泄的嘌呤代谢终产物是（　　　）

    A. 氨   B. 尿素   C. 尿酸   D. 尿囊素

17. 嘌呤核苷酸合成的原料是（　　　）

    A. 甘氨酸、谷氨酸、CO_2 B. 甘氨酸、谷氨酰胺、CO_2

    C. 谷氨酸、谷氨酰胺、CO_2 D. 甘氨酸、谷氨酸、谷氨酰胺

18. 下列氨基酸与尿素循环无关的是（　　　）

    A. 赖氨酸   B. 天冬氨酸   C. 鸟氨酸   D. 瓜氨酸

19. 肌肉组织中，氨基酸脱氨的主要方式是（　　　）

    A. 联合脱氨基作用   B. L-谷氨酸氧化脱氨基作用

    C. 转氨基作用   D. 嘌呤核苷酸循环

20. 尿素循环与三羧酸循环是通过哪些中间产物的代谢联结起来的（　　　）

    A. 天冬氨酸   B. 草酰乙酸

    C. 天冬氨酸与延胡索酸   D. 瓜氨酸

21. 催化 α-酮戊二酸和 NH_3 生成相应含氮化合物的酶是（　　　）

    A. 谷丙转氨酶   B. 谷草转氨酶

    C. L-谷氨酰转肽酶   D. 谷氨酸脱氢酶

22. 缺乏哪一种酶可导致 PKU（苯丙酮尿症）（　　　）

    A. 苯丙氨酸羟化酶   B. 苯丙氨酸-酮戊二酸转氨酶

C. 尿黑酸氧化酶　　　　　　　　D. 多巴脱羧酶

23. 下列哪种物质不是嘌呤核苷酸从头合成的直接原料（　　　）

A. 甘氨酸　　　　B. 天冬氨酸　　　C. 苯丙氨酸　　　D. CO_2

24. 如果一个完全具有放射性的双链 DNA 分子在无放射性标记溶液中经过两轮复制，产生 4 个 DNA 分子的放射性情况是（　　　）

A. 其中一半没有放射性　　　　　B. 都有放射性

C. 半数分子的两条链都有放射性　　D. 一个分子的两条链都有放射性

25. 下列关于 DNA 指导下的 RNA 合成的论述，错误的是（　　　）

A. 只有存在 DNA 时，RNA 聚合酶才催化磷酸二酯键的生成

B. 在转录过程中 RNA 聚合酶需要一个引物

C. 链延长方向是 $5' \rightarrow 3'$

D. 在多数情况下，只有一条 DNA 链作为模板

26. 下列关于核不均一 RNA（hnRNA）的论述，错误的是（　　　）

A. 它们的寿命比大多数 RNA 短

B. 在其 3' 端有一个多聚腺苷酸尾巴

C. 在其 5' 端有一个特殊帽子结构

D. 存在于细胞质中

27. hnRNA 是下列哪种 RNA 的前体（　　　）

A. tRNA　　　　B. rRNA　　　　C. mRNA　　　　D. snRNA

28. DNA 复制时不需要下列哪种酶（　　　）

A. DNA 指导的 DNA 聚合酶　　　B. RNA 引物酶

C. DNA 连接酶　　　　　　　　D. RNA 指导的 DNA 聚合酶

29. 参与识别转录起点的是（　　　）

A. ρ 因子　　　　B. 核心酶　　　　C. 引物酶　　　　D. σ 因子

30. DNA 半保留复制的实验根据是（　　　）

A. 放射性同位素 ^{14}C 示踪的密度梯度离心

B. 同位素 ^{15}N 标记的密度梯度离心

C. 同位素 ^{32}P 标记的密度梯度离心

D. 放射性同位素 ^{3}H 示踪的纸层析技术

31. 以下对大肠杆菌 DNA 连接酶的论述，正确的是（　　　）

A. 催化 DNA 双螺旋结构中的 DNA 片段间形成磷酸二酯键

B. 催化两条游离的单链 DNA 连接起来

C. 以 $NADP^+$ 作为能量来源

D. 以 GTP 作为能源

32. 下列关于单链结合蛋白（SSB）的描述，不正确的是（　　　）

A. 与单链 DNA 结合，防止碱基重新配对

B. 在复制中保护单链 DNA 不被核酸酶降解

C. 与单链区结合增加双链 DNA 的稳定性

D. SSB 与 DNA 解离后可重复利用

33. 有关转录的错误叙述是（　　）

A. RNA 链按 $3'{\rightarrow}5'$ 方向延伸

B. 只有一条 DNA 链可作为模板

C. 以 NTP 为底物

D. 遵从碱基互补原则

34. 下列关于 σ 因子的描述，正确的是（　　）

A. 不属于 RNA 聚合酶

B. 可单独识别启动子部位而无须核心酶的存在

C. 转录始终需要 σ 亚基

D. 决定转录起始的专一性

35. 真核生物 RNA 聚合酶Ⅲ的产物是（　　）

A. mRNA　　　　　　　　　B. hnRNA

C. rRNA　　　　　　　　　D. snRNA 和 tRNA

36. 合成后无须进行转录后加工修饰就具有生物活性的 RNA 是（　　）

A. tRNA　　　　　　　　　B. rRNA

C. 原核细胞 mRNA　　　　　D. 真核细胞 mRNA

37. DNA 聚合酶Ⅲ的主要功能是（　　）

A. 填补缺口　　　　　　　　B. 连接冈崎片段

C. 聚合作用　　　　　　　　D. 损伤修复

38. DNA 复制的底物是（　　）

A. dNTP　　　B. NTP　　　C. dNDP　　　D. NMP

39. 下列不属于逆转录酶的功能的是（　　）

A. 以 RNA 为模板合成 DNA

B. 以 DNA 为模板合成 DNA

C. 水解 RNA - DNA 杂交分子中的 RNA 链

D. 指导合成 RNA

二、填空题

1. 下列符号的中文名称分别是：PRPP _____；IMP _____；XMP _____。

2. 嘌呤环的 C_4、C_5 来自_____；C_2 和 C_8 来自_____；C_6 来自_____；N_3 和 N_9 来自_____。

3. 嘧啶环的 N_1、C_6 来自＿＿＿＿＿＿＿；N_3 来自＿＿＿＿＿＿＿。

4. 核糖核酸在 ＿＿＿＿＿＿＿ 催化下还原为脱氧核糖核酸，其底物是＿＿＿＿＿＿＿、＿＿＿＿＿＿＿、＿＿＿＿＿＿＿、＿＿＿＿＿＿＿。

5. 核糖核酸的合成途径有＿＿＿＿＿＿＿和＿＿＿＿＿＿＿。

6. 催化水解多核苷酸内部的磷酸二酯键时，＿＿＿＿＿＿＿酶的水解部位是随机的，＿＿＿＿＿＿＿的水解部位是特定的序列。

7. 胸腺嘧啶脱氧核苷酸是由＿＿＿＿＿＿＿经＿＿＿＿＿＿＿而生成的。

8. 中心法则是＿＿＿＿＿＿＿于＿＿＿＿＿＿＿年提出的，其内容可概括为＿＿＿＿＿＿＿。

9. 所有冈崎片段的延伸都是按＿＿＿＿＿＿＿方向进行的。

10. 前导链的合成是＿＿＿＿＿＿＿的，其合成方向与复制叉移动方向＿＿＿＿＿＿＿。

11. 引物酶与转录中的 RNA 聚合酶之间的差别在于它对＿＿＿＿＿＿＿不敏感；滞后链的合成是＿＿＿＿＿＿＿的。

12. DNA 聚合酶Ⅰ的催化功能有＿＿＿＿＿＿＿、＿＿＿＿＿＿＿、＿＿＿＿＿＿＿。

13. DNA 拓扑异构酶有＿＿＿＿＿＿＿种类型，分别为＿＿＿＿＿＿＿和＿＿＿＿＿＿＿，它们的功能是＿＿＿＿＿＿＿。

14. 细菌的环状 DNA 通常在一个＿＿＿＿＿＿＿开始复制，而真核生物染色体中的线形 DNA 可以在＿＿＿＿＿＿＿起始复制。

15. 大肠杆菌 DNA 聚合酶Ⅲ的＿＿＿＿＿＿＿活性使之具有＿＿＿＿＿＿＿功能，极大地提高了 DNA 复制的保真度。

16. 大肠杆菌中已发现＿＿＿＿＿＿＿种 DNA 聚合酶，其中＿＿＿＿＿＿＿负责 DNA 复制，＿＿＿＿＿＿＿负责 DNA 损伤修复。

17. 大肠杆菌中 DNA 指导的 RNA 聚合酶全酶的亚基组成为＿＿＿＿＿＿＿，去掉＿＿＿＿＿＿＿因子的部分称为核心酶，这个因子使全酶能识别 DNA 上的＿＿＿＿＿＿＿位点。

18. 在 DNA 复制中，＿＿＿＿＿＿＿可防止单链模板重新缔合和核酸酶的攻击。

19. DNA 合成时，先由引物酶合成＿＿＿＿＿＿＿，再由＿＿＿＿＿＿＿在其 3′端合成 DNA 链，然后由＿＿＿＿＿＿＿切除引物并填补空隙，最后由＿＿＿＿＿＿＿连接成完整的链。

20. 大肠杆菌 DNA 连接酶要求＿＿＿＿＿＿＿的参与，哺乳动物的 DNA 连接酶要求＿＿＿＿＿＿＿参与。

21. 原核细胞中各种 RNA 是＿＿＿＿＿＿＿催化生成的，而真核细胞核基因的转录分别由＿＿＿＿＿＿＿种 RNA 聚合酶催化，其中 rRNA 基因由

_____转录，hnRNA 基因由_____转录，各类小分子 RNA 则是_____的产物。

22. 转录单位一般应包括_____序列、_____序列和_____序列。

23. 真核细胞中编码蛋白质的基因多为_____，编码的序列还保留在成熟 mRNA 中的是_____，编码的序列在前体分子转录后加工中被切除的是_____；在基因中_____被_____分隔，而在成熟的 mRNA 中序列被拼接起来。

三、名词解释

1. 从头合成途径（de novo synthesis pathway）
2. 补救途径（salvage pathway）
3. 核酸外切酶（exonuclease）
4. 核酸内切酶（endonuclease）
5. 限制性内切酶（restriction endonuclease）
6. 半保留复制（semi‐reserved replication）
7. 不对称转录（asymmetric transcription）
8. 逆转录（reverse transcription）
9. 冈崎片段（Okazaki fragment）
10. 复制叉（copy fork）
11. 前导链（leading chain）
12. 滞后链（lagging chain）
13. 有意义链（meaningful chain）
14. 光修复（light resurrection）
15. 重组修复（restructuring repair）
16. 内含子（intron）
17. 外显子（exon）
18. 基因载体（gene vector）

四、判断题

1. 嘌呤核苷酸和嘧啶核苷酸都是先合成碱基环，然后再与 PRPP 反应生成核苷酸。（   ）

2. AMP 合成需要 GTP，GMP 需要 ATP。因此 ATP 和 GTP 任何一种的减少都使另一种的合成降低。（   ）

3. 脱氧核糖核苷酸是由相应的核糖核苷二磷酸在酶催化下还原脱氧生成的。（   ）

4. 中心法则概括了 DNA 在信息代谢中的主导作用。（   ）

5. 原核细胞 DNA 复制是在特定部位起始的，真核细胞则在多位点同时起始复制。（ ）

6. 逆转录酶催化 RNA 指导的 DNA 合成不需要 RNA 引物。（ ）

7. 原核细胞和真核细胞中许多 mRNA 都是多顺反子转录产物。（ ）

8. 因为 DNA 两条链是反向平行的，在双向复制中，一条链按 $5'\rightarrow3'$ 方向合成，另一条链按 $3'\rightarrow5'$ 方向合成。（ ）

9. 限制性内切酶切割的片段都具有黏性末端。（ ）

10. 已发现有些 RNA 前体分子具有催化活性，可以准确地自我剪接，被称为核糖酶或核酶。（ ）

11. 原核生物中 mRNA 一般不需要转录后加工。（ ）

12. RNA 聚合酶对弱终止子的识别需要专一性的终止因子。（ ）

13. 已发现的 DNA 聚合酶只能把单体逐个加到引物 $3'-OH$ 上，而不能引发 DNA 合成。（ ）

14. 在复制叉上，尽管滞后链按 $3'\rightarrow5'$ 方向净生成，但局部链的合成均按 $5'\rightarrow3'$ 方向进行。（ ）

15. RNA 合成时，RNA 聚合酶以 $3'\rightarrow5'$ 方向沿 DNA 的反意义链移动，催化 RNA 链按 $5'\rightarrow3'$ 方向增长。（ ）

16. 在 DNA 合成中，大肠杆菌 DNA 聚合酶 I 和真核细胞中的 RNaseH 均能切除 RNA 引物。（ ）

17. 断裂基因的内含子转录的序列在前体分子的加工中都被切除，因此可以断定内含子的存在完全没有必要。（ ）

18. 如果没有 σ 因子，核心酶只能转录出随机起始的、不均一的、无意义的 RNA 产物。（ ）

五、简答题

1. 核酸分解代谢的途径是怎样的？关键性的酶有哪些？

2. 什么是复制？DNA 复制需要哪些酶和蛋白质因子？

3. 下面是某基因中的一个片段的（一）链：$3'\cdots\cdots ATTCGCAGGCT\cdots\cdots 5'$。A. 写出该片段的完整序列；B. 指出转录的方向和哪条链是转录模板；C. 写出转录产物序列；D. 其产物的序列和有意义链的序列之间有什么关系？

4. 简要说明 DNA 半保留复制的机制。

六、论述题

嘌呤核苷酸和嘧啶核苷酸是如何合成的？

巩固提高

1. 线粒体氨甲酰磷酸合成酶的缺乏将导致血氨水平升高，问：

① 该酶的缺乏将导致线粒体内氨甲酰磷酸的堆积吗？将促进细胞质中嘧啶核苷酸的合成吗？

② 细胞质中氨甲酰磷酸合成酶的缺乏将导致什么后果？为什么不会导致血氨的升高？对细胞质中缺乏氨甲酰磷酸合成酶的病人应补充什么物质？为什么？

2. 现有两种培养基，一种只含有葡萄糖和盐类，一种含有酵母细胞提取物的水解产物。为研究大肠杆菌中核苷酸补救合成途径中的酶，你将选用哪种培养基培养大肠杆菌，为什么？

3. 一单链环状 DNA 分子中含有 30％的 A，20％的 T，15％的 C 和 35％的 G，若以它为模板合成一互补链，问：

① 互补链的碱基组成如何？

② 产生的双链 DNA 的碱基组成如何？

4. 简述反转录酶及其性质，为什么说反转录酶是一种重要的工具酶？

5. 如何证明一 RNA 分子和一双螺旋 DNA 分子之间有互补的核苷酸顺序存在？

6. 如果一 RNA 分子和一双螺旋 DNA 分子之间有互补序列，它们的 G 和 C 含量是否相同？

🔍 知识拓展

1. 如何预防和治疗"痛风症"？

2. 为什么机体可以容忍转录相对低的忠实性？

💼 开放性讨论话题

1. 我国著名生物化学家邹承鲁院士曾呼吁"核酸作为营养物质，没有任何科学依据"。请从核苷酸代谢的角度分析以下问题和说法的科学依据。

（1）核酸营养保健品有营养吗？

（2）食用转基因食品后安全吗？

（3）为什么医生推荐备孕期女性服用四氢叶酸？

2. 遗传和变异是相互对立又相互联系的，遗传是相对的、保守的，有利于维持生物性状的相对稳定性，而变异是绝对的、发展的，有利于生物进化和新物种的产生。但如果没有变异，遗传就只能是简单的重复，生物就会缺少进化的素材。

（1）DNA 作为遗传变异的物质基础，谈谈其实现对立统一关系的调控机制。

（2）与变异类似，创新是人类社会发展进步的动力，结合专业知识谈谈你对创新创业的看法和认识。

参考答案

一、单项选择题

1. B 2. C 3. D 4. A 5. D 6. B 7. C 8. C 9. A 10. B 11. D
12. C 13. A 14. C 15. A 16. C 17. B 18. A 19. D 20. C 21. D
22. A 23. C 24. A 25. B 26. D 27. C 28. D 29. D 30. B 31. A
32. C 33. A 34. D 35. D 36. C 37. C 38. A 39. D

二、填空题

1. 5-磷酸核糖-1-焦磷酸 次黄嘌呤核苷酸 黄嘌呤核苷酸

2. 甘氨酸 甲酸盐 CO_2 谷氨酰胺

3. 天冬氨酸 氨甲酰磷酸

4. 核糖核苷二磷酸还原酶 ADP GDP CDP UDP

5. 从头合成途径 补救途径

6. 核酸内切 限制性核酸内切酶

7. 尿嘧啶脱氧核苷酸（dUMP） 甲基化

8. Crick 1958 遗传信息从 DNA 传递给 RNA 再从 RNA 传递给蛋白质

9. $5'→3'$ 10. 连续 相同 11. 利福平 不连续

12. $5'→3'$聚合 $3'→5'$外切 $5'→3'$外切

13. 两 拓扑异构酶 I 拓扑异构酶 II 增加或减少超螺旋

14. 复制位点 多个复制位点 15. $3'→5'$外切酶 校对

16. 3 DNA 聚合酶 III DNA 聚合酶 II

17. α2ββ'σ σ 启动子 18. 单链结合蛋白

19. 引物 DNA 聚合酶 III DNA 聚合酶 I 连接酶

20. NAD^+ ATP

21. 一种 RNA 聚合酶 3 RNA 聚合酶 I RNA 聚合酶 II RNA 聚合酶 III 22. 启动子 编码 终止子

23. 断裂基因 外显子 内含子 外显子 内含子

三、名词解释

1. 从头合成途径（de novo synthesis pathway）：生物体内用简单的前体物质合成生物分子的途径，例如核苷酸的从头合成。

2. 补救途径（salvage pathway）：与从头合成途径不同，生物分子，例如核苷酸，可以由该类分子降解形成的中间代谢物合成。

3. 核酸外切酶（exonuclease）：从核酸链的一端逐个水解核苷酸的酶。

4. 核酸内切酶（endonuclease）：核糖核酸酶和脱氧核糖核酸酶中能够水解核酸分子内磷酸二酯键的酶。

5. 限制性内切酶（restriction endonuclease）：一种在特殊核苷酸序列处水解双链 DNA 的内切酶。Ⅰ型限制性内切酶既能催化宿主 DNA 的甲基化，又能催化非甲基化的 DNA 的水解；而Ⅱ型限制性内切酶只催化非甲基化的 DNA 的水解。

6. 半保留复制（semi‐reserved replication）：双链 DNA 的复制方式，其中亲代链分离，每一子代 DNA 分子由一条亲代链和一条新合成的链组成。

7. 不对称转录（asymmetric transcription）：转录通常只在 DNA 的任一条链上进行，这称为不对称转录。

8. 逆转录（reverse transcription）：Temin 和 Baltimore 各自发现在 RNA 肿瘤病毒中含有 RNA 指导的 DNA 聚合酶，才证明发生逆向转录，即以 RNA 为模板合成 DNA。

9. 冈崎片段（Okazaki fragment）：一组短的 DNA 片段，是在 DNA 复制的起始阶段产生的，随后又被连接酶连接形成较长的片段。在大肠杆菌生长期间，将细胞短时间地暴露在氚标记的胸腺嘧啶中，就可证明冈崎片段的存在。冈崎片段的发现为 DNA 复制的科恩伯格机制提供了依据。

10. 复制叉（copy fork）：复制 DNA 分子的 Y 形区域。在此区域发生链的分离及新链的合成。

11. 前导链（leading chain）：DNA 的双股链是反向平行的，一条是 $5'→3'$ 方向，另一条是 $3'→5'$ 方向，上述的起点处合成的领头链，沿着亲代 DNA 单链的 $3'→5'$ 方向（亦即新合成的 DNA 沿 $5'→3'$ 方向）不断延长。所以领头链是连续的。

12. 滞后链（lagging chain）：已知的 DNA 聚合酶不能催化 DNA 链朝 $3'→5'$ 方向延长，在两条亲代链起点的 $3'$ 端一侧的 DNA 链复制是不连续的，而分为多个片段，每段是朝 $5'→3'$ 方向进行，所以滞后链是不连续的。

13. 有意义链（meaningful chain）：即华森链，华森-克里格型 DNA 中，在体内被转录的那股 DNA 链。简写为 W strand。

14. 光修复（light resurrection）：将受紫外线照射而引起损伤的细菌用可见光照射，大部分损伤细胞可以恢复，这种可见光引起的修复过程就是光修复。

15. 重组修复（restructuring repair）：这个过程是先进行复制，再进行修复，复制时，子代 DNA 链损伤的对应部位出现缺口，这可通过分子重组从完整的母链上，将一段相应的多核苷酸片段移至子链的缺口处，然后再合成一段多核苷酸链来填补母链的缺口，这个过程称为重组修复。

16. 内含子（intron）：真核生物的 mRNA 前体中，除了贮存遗传序列外，还存在非编码序列，称为内含子。

17. 外显子（exon）：真核生物的 mRNA 前体中，编码序列称为外显子。

18. 基因载体（gene vector）：外源 DNA 片段（目的基因）要进入受体细胞，必须有一个适当的运载工具将其带入细胞内，并载着外源 DNA 一起进行复制与表达，这种运载工具称为载体。

四、判断题

1. ×　2. √　3. √　4. √　5. √　6. ×　7. ×　8. ×　9. ×　10. √
11. √　12. √　13. √　14. √　15. √　16. √　17. ×　18. √

五、简答题

1. 答：

核酸的分解途径为：经酶催化分解为核苷酸，关键性的酶有核酸外切酶、核酸内切酶和核酸限制性内切酶。

2. 答：

在 DNA 指导下合成 DNA 的过程。需要：DNA 聚合酶 Ⅰ、Ⅲ，连接酶，引物酶，引物体，解螺旋酶，单链 DNA 结合蛋白，拓扑异构酶。

3. 答：

A. $3'$……ATTCGCAGGCT……$5'$

　　$5'$……ATTCGCAGGCT……$3'$

B. 转录方向为（一）链的 $3' \rightarrow 5'$，（一）链为转录模板。

C. 产物序列：$5'$……UAAGCGUCCGA……$3'$。

D. 序列基本相同，只是 U 代替了 T。

4. 答：

DNA 不连续复制的机制为：解链；合成引物；在 DNA 聚合酶催化下，在引物的 $3'$ 端沿 $5' \rightarrow 3'$ 方向合成 DNA 片段；在不连续链上清除引物，填补缺口，最后在连接酶的催化下将 DNA 片段连接起来。

六、论述题

答：

（1）嘌呤核苷酸合成。

① 嘌呤核苷酸的从头合成。嘌呤核苷酸的从头合成是以 5‐磷酸核糖‐1‐焦磷酸（PRPP）为起始物，在此基础上进行嘌呤环的组装。首先合成次黄嘌呤核苷酸（IMP），然后再由 IMP 转变为 AMP 和 GMP。

② 嘌呤核苷酸的补救途径。

（2）嘧啶核苷酸合成。

① 嘧啶核苷酸的从头合成。嘧啶核苷酸的从头合成首先形成嘧啶环，然

后与磷酸核糖结合为乳清酸核苷酸，再生成 UMP，最后由 UMP 转变为其他嘧啶核苷酸。

② 嘧啶核苷酸的补救途径。

巩固提高

1. 答：

① 不会，由于线粒体氨甲酰磷酸合成酶以 NH_4^+ 为氮源，与 CO_2 缩合形成氨甲酰磷酸，因此该酶的缺乏不可能有氨甲酰磷酸的堆积。氨甲酰磷酸不仅是线粒体内尿素合成的第一个中间产物，也是细胞质中嘧啶核苷酸合成途径中的第一个中间产物，故不可能促进细胞质中嘧啶核苷酸的合成。

② 细胞质中的氨甲酰磷酸合成酶催化嘧啶核苷酸合成途径中的第一步反应，它的底物是 Gln 而不是 NH_4^+，故它的缺乏不会导致血氨的升高。细胞质中氨甲酰磷酸合成酶的缺乏必然影响嘧啶核苷酸的合成，故对病人应补充嘧啶类化合物，如尿嘧啶或尿嘧啶核苷酸。它们在体内可转变为 UMP 和 CMP。

2. 答：

应选用含有酵母细胞提取物的水解产物的培养基。因酵母细胞提取物的水解产物中含有核苷酸、核苷和碱基，这些都可被细菌补救合成途径中的酶系利用来合成自身生长、分化所需要的核苷酸。因此，不需要进行核苷酸的从头合成。在快速生长的细胞中，核苷酸分解代谢产物的浓度较低，若使用简单的葡萄糖-盐组成的培养基，细菌体内补救合成途径所需要的酶的活性较低，须进行核苷酸的从头合成以满足快速生长的细胞的需要。

3. 答：

① 互补链应含有 30% 的 T，20% 的 A，15% 的 G 和 35% 的 C。

② 双链 DNA 的碱基组成是两条单链碱基组成的平均值，即 A、T、C 和 G 各占 25%。因为 A－T 碱基对的总和是 30%＋20%＝50%，G－C 碱基对的总和是 15%＋35%＝50%。

4. 答：

逆转录酶发现自逆病毒（反转录病毒）。这类病毒属正链 RNA 病毒，在其生活周期中需经一种自身携带的酶——逆转录酶（亦称反转录酶），把 RNA 基因组反转录成 DNA。然后这种病毒的双链 DNA 形式整合到寄主染色体上，经转录形成子代 RNA（亦是 mRNA）。反转录酶有三种酶的活性：①以 RNA 为模板合成互补 DNA 的 DNA 聚合酶活性；②以 DNA 为模板合成 DNA 的 DNA 聚合酶活性；③去掉 RNA－DNA 杂合双链中 RNA 链的 RNaseH 活性。

由于真核细胞产生的大多数 mRNA 都有多聚腺苷酸尾巴 poly（A），这些 mRNA 在寡聚胸腺嘧啶核苷酸 oligo（dT）的引导下经逆转录酶的作用产生 cDNA；因此可以作为真核细胞的 cDNA 文库。故反转录酶是一种重要的工具酶。

5. 答：

进行序列分析比较或进行分子杂交实验可证明之。将两者的溶液混合，加热到 DNA 的熔点，再缓慢地冷却，检查是否有 DNA - RNA 杂交分子存在，如果有，说明它们之间有互补顺序存在。电子显微镜检查杂交产物或用单链特异核酸酶 S1 水解杂交产物。使降解产物用乙醇沉淀或通过羟基磷灰石柱，不被降解的 RNA - DNA 杂交链可被乙醇沉淀或被羟基磷灰石柱吸附，用这种方法可以检出 RNA 和 DNA 之间是否互补。

6. 答：

不相同。因两条互补的 DNA 链本身的碱基成分不相同，且 RNA 是以 DNA 的一条链中的某一区段为模板合成的，故 RNA 的（G+C）含量不可能等于双链 DNA 中的（G+C）含量。

第十章　蛋白质的生物合成

学习目标

1. 掌握蛋白质合成的基本特征，熟悉核糖体、mRNA、rRNA、tRNA在蛋白质合成中的作用。

2. 掌握蛋白质合成的机制，包括氨基酸的活化、肽链起始、延伸和终止的机制，重点掌握各种蛋白质因子在其中的作用。

3. 了解蛋白质合成以后的加工过程，重点掌握蛋白质折叠、共价修饰及转运和转位的机制。

4. 了解异常 mRNA 的翻译机制。

重点难点

1. 遗传密码的重要性质，核糖体活性位点，蛋白质合成的起始，加工修饰与功能的关系。

2. 遗传密码的解读，tRNA 反密码子突变，起始复合体的形成及其参与因子。

主要知识点

第一部分　蛋白质翻译系统的主要组成成分和功能

蛋白质是生理功能的主要负荷者。蛋白质合成是细胞新陈代谢中最复杂的过程，有多种 RNA 和上百种蛋白质参与作用。遗传信息编码在核酸分子上，遗传信息的表达需将核酸语言翻译成蛋白质语言，其中核苷酸与氨基酸的对应关系就是遗传密码。

1. 遗传密码

（1）遗传密码的破译。Crick 最早通过噬菌体基因移码突变而推测核酸分子以非重叠、无标点、核苷酸三联体的方式编码蛋白质的氨基酸序列。之后许多科学家从事遗传密码的研究。

Nirenberg 等用人工合成的多聚核糖核苷酸作为合成蛋白质的模板，破译了遗传密码，证实 Crick 的推测是正确的。1966 年完全破译了编码 20 种氨基酸的密码子，另有 3 个密码子用作翻译的终止信号。

（2）遗传密码的基本性质。DNA 编码链或 mRNA 上的核苷酸，以 3 个为一组（三联体）决定 1 个氨基酸的种类，称为三联体密码。mRNA 的三联体密码是连续排列的，因此，mRNA 的核苷酸序列可以决定蛋白质的一级结构。

遗传密码的特点：①连续性；②简并性；③摆动性；④通用性和变异性；⑤安全性（密码的防突变）。

（3）RNA 对遗传密码的解读。遗传密码由 RNA 进行解读，RNA 对遗传信息的加工处理包括：

① 从基因组选择性转录遗传信息：转录是一个传真过程，初级转录物 RNA 与被转录的 DNA 的序列基本一致。RNA 在转录后要经过一系列的加工处理才能成为成熟的、有功能的 RNA。

② 提取有用信息进行高效组合：

a. RNA 一般性加工包括切割、修剪、附加、修饰和异构化，并不改变 RNA 的编码序列，目的只是为了激活其功能。

b. 编码序列的加工，即遗传信息的加工，包括可变剪接、剪接、编辑和再编码，既改变了 RNA 的序列，也改变了其携带的遗传信息。不同的加工可以得到不同的表达产物。

c. 一个基因可以有不止一个转录起点和转录终点，在转录过程中还可以通过模板滑动等方式重复或失去一段序列，因此由一个基因可以得到不止一种转录物，增加了基因产物的多样性。

d. 核糖体移码：蛋白质生物合成时，核糖体在信使核糖核酸（mRNA）的特定序列处，从一个可读框位移至另一个可读框。是某些 RNA 病毒在翻译水平上调节蛋白质合成的一种机制。

③ 消除差错，防止失真：

a. 移码突变：一种突变形式。是由于 mRNA 链中插入或缺失一个碱基所引起的遗传密码变化。从 mRNA 上的异常点开始发生错读，叫移码。由于移码而造成的突变叫移码突变，移码突变的结果是在肽链合成中插入一段不正确的氨基酸序列。

b. 校正 tRNA：通常是一些变异的 tRNA，它们或是反密码子环碱基发生改变，或是决定 tRNA 特异性的碱基发生改变，从而改变了译码规则。不按常规引入氨基酸，能以"代偿"或校正原有突变所产生的不良后果的 tRNA

称为校正 tRNA，这种 tRNA 上反密码子的突变称为校正突变。

c. 校正突变可为两类：一是发生在同一基因内，但不在该基因的同一部位，称为基因内突变校正（intragenic suppression）；二是发生在另一基因内，称为基因间突变校正（intergenic suppression）。在某些情况下，校正 tRNA 可能会将正确的密码子翻译错误。

④ 转换语言，完成翻译。

⑤ 调节遗传信息。

2. 蛋白质合成有关 RNA 和装置

（1）合成原料为氨基酸，以 mRNA 为模板，以 tRNA 为运载体，以核糖体为装配场所，此外，还有有关的酶、蛋白质因子、ATP、GTP 等供能物质及必要的无机离子。

原核生物核糖体为 70S，由大、小两个亚基组成，大亚基 50S，含 5S rRNA、23S rRNA 和 33 种（36 个）蛋白质；小亚基 30S，含 16S rRNA 和 21 种蛋白质。真核生物核糖体为 80S，大亚基 60S，含 5S、28S 和 5.8S rRNA 和 47 种蛋白质；小亚基 40S，含 28S rRNA 和 33 种蛋白质。大亚基具有肽基转移酶活性中心；小亚基具有译码中心。

tRNA 具有三叶草形二级结构和倒 L 形三级结构，反密码子碱基和氨基酸臂位于两端。氨酰- tRNA 合成酶能够识别氨基酸和相关 tRNA，由 ATP 提供能量合成氨酰- tRNA。

mRNA 是蛋白质合成的模板，核糖体在 mRNA 上移动的方向是 $5'\to3'$；多肽链合成的方向是 N→C 端。

（2）涉及蛋白质生物合成的蛋白质因子主要有三类（以原核生物为例）：

① 起始因子：参与启动，主要有如下三类：a. IF1，促使携带氨酰基的启动 tRNA 与小亚基结合；b. IF2，功能同上并有 GTP 酶活性；c. IF3，促进小亚基与 mRNA 特异结合；在终止阶段后促使脱落的核蛋白体解离为大、小亚基。

② 延长因子：协助肽链的延长。主要有：a. EF‑Tu 和 EF‑Ts 延长因子（elongation factor）作用于肽链延长阶段，促进氨酰- tRNA 进入核糖体的"受位"（acceptor site），具有 GTP 酶活性；b. EF‑G 作用于肽链延长阶段，具有 GTP 酶活性，使转肽后失去肽链或蛋氨酰的 tRNA 从"给位"（donor site）上脱落，并促进移动。

③ 终止因子：识别终止信号。RF 使大亚基转肽酶将"给位"上已合成的肽链水解释放。

第二部分　蛋白质合成的步骤

1. 氨基酸的活化

氨基酸的活化可以看成是肽链合成的第一阶段。氨基酸活化反应发生在胞液中。氨酰-tRNA 合成酶催化的反应分为两步，第一步是酶的活性中心与氨基酸、ATP 结合形成酶-氨基酸-ATP 中间产物，第二步反应是 AA-AMP 中的氨酰基转移到 tRNA 上。一个氨基酸活化需要消耗 2 个高能磷酸键。氨基酸与 tRNA 的特异结合是保证肽链合成忠实性的重要一环。

2. 合成起始

原核生物起始氨基酸是 N-甲酰甲硫氨酸，它是由 mRNA 的 AUG 编码，所以称为起始密码子。它也编码肽链中的甲硫氨酸。区分 AUG 是起始密码子还是肽链内部的甲硫氨酸密码子取决于 tRNA。在所有生物中都存在两类 tRNA，一种识别起始密码子 AUG，另一种识别内部密码子 AUG，在细菌中分别为 $tRNA_{fMet}$ 和 $tRNA_{Met}$。

（1）30S 小亚基首先与 IF1 和 IF3 结合，IF3 阻碍 30S 和 50S 亚基的结合，并促进 70S 核糖体亚基的解离。

（2）30S 起始复合体的形成。IF2 和 GTP 结合后再与 30S 亚基结合，然后与 fMet-$tRNA_{fMet}$ 组成更大的复合体。复合体通过小亚基的 16S rRNA 和 mRNA 的 SD 序列之间的配对起作用。

（3）第二步形成的复合体与 50S 亚基结合形成 70S。同时 IF1、IF3 解离，GTP 与 IF2 结合并水解成 GDP 和 Pi，GDP/IF-2 复合物从核糖体释放出来。起始密码 AUG 和 fMet-$tRNA_{fMet}$ 的反密码子配对的位置就是核糖体的 P 位。IF1 的主要功能是增强 IF2 和 IF3 的活化。

3. 肽链的延伸

在细菌中肽链的延伸需要 70S 起始复合体、第二个氨酰-tRNA、3 种延伸因子及 GTP。3 种延伸因子中有一种热不稳定性的延伸因子叫 EF-Tu，另一种热稳定性的因子叫 EF-Ts，第三种依赖于 GTP 的叫 EF-G，又叫转位因子。延伸中每加入一个氨基酸残基需要三步反应。三步反应不断循环，使氨基酸逐次加入。

（1）进位。延伸循环的第一步是氨酰-tRNA 与核糖体 A 位结合，称作进入。EF-Tu 与 GTP 结合，再与氨酰-tRNA 结合成三元复合物，这个三元复合物进入 70S 核糖体的 A 位。一旦氨酰-tRNA 进入 A 位，GTP 便水解成 GDP 和 Pi，EF-Tu 和 GDP 复合物从核糖体释放出来。释放的 EF-Tu 和 GDP 将在 EF-Ts 作用下再生成 EF-Tu·GTP，再与另一个氨酰-tRNA 结合，这样的一个循环过程叫 Ts 循环。EF-Tu·GTP 和 EF-Tu·GDP 复合体仅能存在千分之几秒，这段时间提供了密码子-反密码子相互作用的时机，校读就发生在这一时刻，不正确荷载的氨酰-tRNA 将被解离。

EF-Tu 不与无负荷的 tRNA 或 fMet-tRNA 形成复合体。

（2）转肽。延伸阶段的第二步叫转肽或肽键形成，是核糖体上 A 位和 P

位上的氨基酸间形成肽键。第一个肽键的形成是甲酰甲硫氨酰基从其 tRNA 上转移到第二个氨基酸氨基上形成的。在 A 位上形成二肽酰-tRNA，P 位上仍然结合着无负荷的 tRNA。催化肽键形成的酶称为肽酰转移酶，存在于大亚基中。但 1992 年 H. Noller 等发现这种活性不是蛋白质提供的，而是 23S rRNA 催化的。

（3）移位。延伸阶段的第三步叫移位，核糖体沿 mRNA $5'\rightarrow3'$ 方向移动一个密码子。这样结合在 mRNA 第二个密码子上的二肽酰-tRNA 的 A 位移到了 P 位，原 P 位无负荷的 tRNA 释放回胞液。mRNA 第三位密码子处于 A 处。移位要求 EF-G（也叫移位酶）参与和水解 1 分子 GTP 提供能量。

肽链延伸阶段中，不断重复进位、转肽、移位三步反应，每循环一次增加一个氨基酸残基，每掺入一个氨基酸残基需 2 个 GTP 水解成 2 个 GDP 和 2 个 Pi。真核生物中 3 个延伸因子分别为 eEF1α、eEF1β 和 eEF2，它们的功能分别相应于 EF-Tu、EF-Ts 和 EF-G。

4. 终止合成

当 mRNA 的 3 个终止密码子 UAA、UAG 或 UGA 中之一进入核糖体 A 位时，终止开始。没有一个 tRNA 能识别终止密码子。细菌中有 3 个终止因子：RF1，RF2 和 RF3。RF1 识别 UAA 和 UAG，RF2 识别 UAA 和 UGA，RF3 与 GTP 结合并促进 RF1 和 RF2 与 A 位点的结合。终止因子作用于 A 位，主要功能是促使肽酰-tRNA 的水解，肽链和 tRNA 的释放以及核糖体解离为大小亚基。

真核中具有一个终止因子，即 eRF，它可识别 3 个终止密码。eRF 需要 GTP 与之结合才能结合核糖体，GTP 在终止反应后被水解。

5. 蛋白质合成的忠实性

蛋白质合成的忠实性需要消耗能量。合成酶的校对功能提高了忠实性。核糖体的校对功能受空间结构和动力学双重控制。翻译确保准确性的关键：①氨基酸与 tRNA 的特异结合；②密码子与反密码子的特异结合。

第三部分　多肽链翻译后加工与转运

1. 多肽链翻译后加工过程及特点

（1）蛋白质折叠。肽链边合成边折叠，大部分蛋白质需要助折叠蛋白参与。

（2）蛋白质修饰。①末端氨基的脱甲酰化和 N 端甲硫氨酸切除。②多肽链水解断裂：水解切除其中多余的肽段，使之折叠成为有活性的酶或蛋白质，如酶原激活。③氨基酸侧链的修饰：包括羟化、羧化、甲基化及二硫键的形成等。

（3）糖基化修饰。翻译后的肽链以共价键与单糖或寡聚糖连接。糖基化是在酶催化下进行的。

2. 蛋白质的转位

蛋白质的转位，即由核糖体合成的许多蛋白质要从它们合成的地方转运至细胞的其他部位或分泌到细胞外发挥生物学作用。有共翻译转位和翻译后转位两个主要转位途径。

（1）共翻译转位。由与内质网（粗面内质网）结合的核糖体合成的蛋白质，在它们进行翻译的同时就开始了转运，主要是通过定位信号，一边翻译，一边进入内质网，然后再进行进一步的加工和转移。由于这种转运定位是在蛋白质翻译的同时进行的，故称为共翻译转位。

（2）翻译后转位。由游离核糖体合成的蛋白质前体在多肽链合成之后，将蛋白质从细胞质转移到线粒体与叶绿体等细胞器中去。

3. 信号肽学说

（1）信号肽（signal peptide）。信号肽含 13～36 个氨基酸残基，在靠近其 N 端有 1 个至多个带正电荷的氨基酸，中部为由 10～15 个氨基酸（大部分或全部是疏水性的）组成的疏水核，C 端靠近断裂位点处有一段序列，含侧链较短的和较具极性的氨基酸。

（2）信号肽识别粒子（signal peptide recognition particles，SRP）。是由 6 种不同蛋白质与一低分子质量的 7S RNA 组成的复合体。具有识别、结合信号肽，停止蛋白质合成，并把正在合成蛋白质的核糖体带到细胞膜的胞浆面的作用。

（3）信号肽学术基本内容。新生肽从核糖体出现并延伸时，信号肽便被信号识别颗粒所识别。SRP 与携带新生多肽链的核糖体相互作用，引起翻译暂时停止。SRP 的功能就是将暂停翻译的新生肽链与内质网膜靠近。随后，SRP－核糖体与内质网上一个 SRP 受体（又称停泊蛋白）结合，通过一个 GTP 依赖过程，打开一个通道。另一个内质网膜蛋白即信号肽受体与信号肽结合，并促进新生肽链进入转位通道。另外，在内质网膜上还有核糖体受体，这样通过 3 个受体的多重识别，信号肽可以准确无误地与内质网转移结合。同时，SRP 释放入细胞质，多肽链转位到内质网内腔。被释放的 SRP 则用于另一个蛋白质的转运。信号肽在多肽链合成完成之前，即由内质网的信号肽酶切除。

第四部分　基因表达调节

遗传信息是由亲代传递给子代，在子代通过转录和翻译得以展现，称为基因表达。

基因表达是在一定调节机制控制下进行的，生物体随时调整不同基因的表达状态，以适应环境、维持生长增殖和满足发育分化的需要。基因表达具有时间特异性和空间特异性，基因表达的方式分为组成型表达（管家基因）、诱导和阻遏表达。

组成型表达：某些基因产物对生命全过程都是必需的或不可少的。指管家基因的表达，又称基本的基因表达，只受启动序列或启动子与 RNA 聚合酶相互作用的影响，不受其他机制调节。

诱导和阻遏表达：区别于管家基因，另有一些基因表达极易受环境变化的影响。

1. 基因表达的基本原理

原核生物和真核生物的基因表达有共同点，也有不同点。原核生物生长快、效率高、多种多样；真核生物进化潜力大、调节精确、适应性强。

基因表达的基本原理：①基因表达可在不同水平上进行调节；②基因表达通过反式作用因子和顺式作用元件进行调节；③基因表达有正调节和负调节；④调节蛋白具有结合 DNA 的结合域；⑤调节蛋白具有蛋白质-蛋白质相互作用的结构域。调节蛋白通常都有多重结构域，它需要结合 DNA 并能形成二聚体或与其他蛋白质相作用。常见的结合基序：螺旋-转角-螺旋、锌指和同源域。常见 DNA-蛋白质相互作用结构域：亮氨酸拉链和螺旋-环-螺旋。

2. 原核生物基因表达调节

原核生物功能相关的基因在一起组成操纵子，有共同的控制部位（启动子和操纵基因），受调节基因产物（阻遏蛋白）的调节。代谢底物与阻遏蛋白结合，使其失去封闭操纵基因的能力，分解代谢途径的酶被诱导产生，在这里底物也就是诱导物。代谢产物积累，与阻遏蛋白共同作用于操纵基因，合成代谢途径酶的产生即被阻遏，产物起辅阻遏物作用。cAMP 受体蛋白（CRP）是许多分解代谢操纵子的激活蛋白，该蛋白又称为降解物基因活化蛋白（CAP），是一种正调节。合成途径操纵子可通过前导序列的衰减作用进行调节，这种前导序列翻译对转录的调节可被看作是一种可阻遏的正调控。

（1）原核基因转录调节特点。①σ 因子决定 RNA 聚合酶识别特异性；②操纵子模型的普遍性；③阻遏蛋白与阻遏机制的普遍性。

（2）乳糖操纵子调节机制。①乳糖操纵子含有操纵序列（O）、启动序列（P）及调节基因（I）；②阻遏蛋白介导负性调节；③CAP 介导正性调节；④两种机制协调合作。

（3）基因转录激活调节。①特异 DNA 序列，主要指具有调节功能的 DNA 序列；②调节蛋白，原核生物基因调节蛋白分为三大类：特异因子、阻遏蛋白和激活蛋白；③DNA-蛋白质，蛋白质-蛋白质相互作用；④RNA 聚合酶。

（4）翻译水平的调节包括核糖体生成的调节和 mRNA 翻译的调节。细菌的生长速度取决于核糖体数目，由 rRNA、tRNA、r - 蛋白质以及蛋白质合成有关的酶和因子混合组成 20 多个操纵子，r - 蛋白质的翻译通过翻译阻遏与 rRNA 保持平衡，以此使与生长速度有关的基因协同表达。氨基酸饥饿通过空载 rRNA 进入核糖体引发（p）ppGpp 合成从而强烈抑制 rRNA、tRNA 和细菌的生长。

（5）mRNA 翻译的调节。涉及：①mRNA 翻译能力的决定因素；②翻译阻遏；③反义 RNA；④tmRNA；⑤核糖体开关。

3. 真核生物基因表达调节

真核生物与原核生物沿不同方向进化。真核生物基因组 DNA 比原核生物大，不仅基因数多，更重要的是调控基因占更大比例。核结构的存在使转录和翻译在时间和空间上都被分割开，发展了多级调节系统。真核生物基因组含有整套遗传信息，因此植物细胞具有全能性，动物细胞核具有全能性。

（1）转录前水平的调节包括染色质丢失、基因扩增、基因重排、染色质的修饰和异染色质化。

（2）转录水平的调节涉及长期调节和短期调节，前者与染色质结构的改变有关，后者与原核生物类似，只是涉及基因活性的调节。染色质重塑包括组蛋白和 DNA 修饰、核小体移动和置换及其功能转变。

基因活性受反式作用因子和顺式作用元件的调节。顺式作用元件，分为启动子、增强子及沉默子；反式作用因子，分为基本转录因子、特异转录因子，其结构上都包括 DNA 结合域和转录激活域以及常见的二聚化结构域。

（3）转录后水平的调节涉及 RNA 一般加工、选择性剪切和转运的调节，选择性剪切产生众多的同源异型体蛋白。

（4）翻译水平的调节既包括翻译诸多反应的条件，也包括 mRNA 稳定性、选择性翻译和翻译效率的调节。

（5）RNA 干扰（RNAi）是对入侵或异常 RNA 的抵御，可以引起基因沉默和 mRNA 被抑制或降解，引起 RNA 干扰的小 RNA 为 siRNA。内源性调节发育和分化的小 RNA 为 miRNA。有许多调节 RNA 起激活作用，称为 RNAa。

除了编码蛋白质的 RNA 外，所有功能 RNA（fRNA）统称为非编码 RNA（ncRNA），其中较长的（>200 nt）为长非编码 RNA（lncRNA）。翻译后加工的调节包括多肽链的切割、修饰和剪接的调节，蛋白质的剪接由内含肽自身催化完成，内含肽通常具有内切核酸酶的活性。蛋白质降解是蛋白质代谢的重要环节。蛋白质 N 端氨基酸和某些肽段与蛋白质的稳定性有关。选择性降解由泛素系统和蛋白酶体共同完成，并由 ATP 提供能量。

细胞基因组各基因表达的多级调节彼此影响构成调控网络，对机体代谢和生长发育起着综合的调节和控制作用。

知识巩固

一、单项选择题

1. 下列有关 mRNA 的论述，正确的一项是（　　）

    A. mRNA 是基因表达的最终产物

    B. mRNA 遗传密码的阅读方向是 $5' \rightarrow 3'$

    C. mRNA 遗传密码的阅读方向是 $3' \rightarrow 5'$

    D. mRNA 密码子与 tRNA 反密码子通过 A - T、G - C 配对结合

2. 下列反密码子中能与密码子 UAC 配对的是（　　）

    A. AUG　　　　　B. AUI　　　　　C. ACU　　　　　D. GUA

3. 下列密码子中，终止密码子是（　　）

    A. UUA　　　　　B. UGA　　　　　C. UGU　　　　　D. UAU

4. 下列密码子中，属于起始密码子的是（　　）

    A. AUG　　　　　B. AUU　　　　　C. AUC　　　　　D. GAG

5. 下列有关密码子的叙述，错误的一项是（　　）

    A. 密码子阅读是有特定起始位点的　　B. 密码子阅读无间断性

    C. 密码子都具有简并性　　　　　　　D. 密码子对生物界具有通用性

6. 密码子变偶性叙述中，不恰当的一项是（　　）

    A. 密码子中的第三位碱基专一性较小，所以密码子的专一性完全由前两位决定

    B. 第三位碱基如果发生了突变，如 A 变 G、C 变 U，由于密码子的简并性与变偶性特点，使之仍能翻译出正确的氨基酸来，从而使蛋白质的生物学功能不变

    C. 次黄嘌呤经常出现在反密码子的第三位，使之具有更广泛的阅读能力（I - U、I - C、I - A），从而可减少由于点突变引起的误差

    D. 几乎所有密码子可用 XY_C^U 或 XY_G^A 表示，其意义为密码子专一性，主要由头两个碱基决定

7. 下列关于核糖体的叙述，不恰当的一项是（　　）

    A. 核糖体是由多种酶缔合而成的能够协调活动共同完成翻译工作的多酶复合体

    B. 核糖体中的各种酶单独存在（解聚体）时，同样具有相应的功能

    C. 在核糖体的大亚基上存在着肽酰基（P）位点和氨酰基（A）位点

    D. 在核糖体大亚基上含有肽酰转移酶及能与各种起始因子、延伸因子、释放因子和各种酶相结合的位点

8. 下列 tRNA 的叙述中，不恰当的是（　　）

A. tRNA 在蛋白质合成中转运活化了的氨基酸

B. 起始 tRNA 在真核生物与原核生物中仅用于蛋白质合成的起始作用

C. 除起始 tRNA 外，其余 tRNA 是在蛋白质合成延伸中起作用，统称为延伸 tRNA

D. 原核与真核生物中的起始 tRNA 均为 fMet‐tRNA

9. tRNA 结构与功能紧密相关，下列叙述不恰当的是（　　）

A. tRNA 的二级结构均为三叶草形

B. tRNA 3′末端为受体臂的功能部位，均有 CCA 的结构末端

C. TψC 环的序列比较保守，它对识别核糖体并与核糖体结合有关

D. D 环也具有保守性，它在被氨酰‐tRNA 合成酶识别时，是与酶接触的区域之一

10. 下列有关氨酰‐tRNA 合成酶的叙述，错误的是（　　）

A. 氨酰‐tRNA 合成酶促反应中由 ATP 提供能量，推动合成正向进行

B. 每种氨基酸活化均需要专一的氨酰‐tRNA 合成酶催化

C. 氨酰‐tRNA 合成酶活性中心对氨基酸及 tRNA 都具有绝对专一性

D. 该类酶促反应终产物中氨基酸的活化形式为：

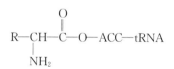

11. 下列关于原核生物中肽链合成起始过程的叙述，不恰当的是（　　）

A. mRNA 起始密码子多数为 AUG，少数情况也为 GUG

B. 起始密码子往往在 5′端第 25 个核苷酸以后，而不是从 mRNA 5′端的第一个核苷酸开始

C. 在距起始密码子上游约 10 个核苷酸的地方往往有一段富含嘌呤的序列，它能与 16S rRNA 3′端碱基形成互补

D. 70S 起始复合物的形成过程，是 50S 大亚基及 30S 小亚基与 mRNA 自动组装的

12. 下列有关大肠杆菌肽链延伸的叙述，不恰当的是（　　）

A. 进位是氨酰‐tRNA 进入大亚基空着的 A 位点

B. 进位过程需要延伸因子 EF‐Tu 及 EF‐Ts 协助完成

C. 甲酰甲硫氨酰‐tRNAf 进入 70S 核糖体 A 位同样需要 EF‐Tu 与 EF‐Ts 延伸因子的作用

D. 进位过程中消耗能量由 GTP 水解释放自由能提供

13. 下列有关延伸进程中肽链形成的叙述，不恰当的是（　　）
    A. 肽酰基从 P 位点转移到 A 位点，同时形成一个新的肽键，P 位点上的 tRNA 无负载，而 A 位点的 tRNA 上肽键延长了一个氨基酸残基
    B. 肽键形成是在肽酰转移酶作用下完成的，此种酶属于核糖体的组成成分
    C. 嘌呤霉素对蛋白质合成的抑制作用发生在转肽过程这一步
    D. 肽酰基是从 A 位点转移到 P 位点，同时形成一个新的肽键，此时 A 位点 tRNA 空载，而 P 位点的 tRNA 上肽链延长了一个氨基酸残基

14. 下列有关移位的叙述，不恰当的是（　　）
    A. 移位是指核糖体沿 mRNA（5′→3′）作相对移动，每次移动的距离为一个密码子
    B. 移位反应需要一种蛋白质因子（EFG）参加，该因子也称移位酶
    C. EFG 是核糖体组成因子
    D. 移位过程需要消耗的能量形式是 GTP 水解释放的自由能

15. 下列有关肽链终止释放的叙述，不恰当的是（　　）
    A. RF1 能识别 mRNA 上的终止信号 UAA、UAG
    B. RF1 则用于识别 mRNA 上的终止信号 UAA、UGA
    C. RF3 不识别任何终止密码子，但能协助肽链释放
    D. 当 RF3 结合到大亚基上时转移酶构象变化，转肽酰活性则成为水解酶活性使多肽基从 tRNA 上水解而释放

16. 下列有关 70S 起始复合物形成过程的叙述，正确的是（　　）
    A. mRNA 与 30S 亚基结合过程需要起始因子 IF1
    B. mRNA 与 30S 亚基结合过程需要起始因子 IF2
    C. mRNA 与 30S 亚基结合过程需要起始因子 IF3
    D. mRNA 与 30S 亚基结合过程需要起始因子 IF1、IF2 和 IF3

17. mRNA 与 30S 亚基复合物与甲酰甲硫氨酰- tRNAf 结合过程中起始因子为（　　）
    A. IF1 及 IF2   B. IF2 及 IF3
    C. IF1 及 IF3   D. IF1、IF2 及 IF3

18. 蛋白质生物合成的方向是（　　）
    A. 从 C→N 端   B. 定点双向进行
    C. 从 N 端、C 端同时进行   D. 从 N→C 端

19. 不能合成蛋白质的细胞器是（　　）
    A. 线粒体   B. 叶绿体   C. 高尔基体   D. 核糖体

20. 真核生物的延伸因子是（　　　）

    A. EF-Tu　　　　B. EF-2　　　　C. EF-G　　　　D. EF-1

21. 真核生物的释放因子是（　　　）

    A. RF　　　　B. RF1　　　　C. RF2　　　　D. RF3

22. 能与 tRNA 反密码子中的 I 碱基配对的是（　　　）

    A. A、G　　　　B. C、U　　　　C. U　　　　D. U、C、A

23. 蛋白质合成所需能量来自（　　　）

    A. ATP　　　　　　　　　　　B. GTP

    C. ATP、GTP　　　　　　　　D. GTP

24. tRNA 的作用是（　　　）

    A. 将一个氨基酸连接到另一个氨基酸上

    B. 把氨基酸带到 mRNA 位置上

    C. 将 mRNA 接到核糖体上

    D. 增加氨基酸的有效浓度

25. 下列关于核糖体的移位，叙述正确的是（　　　）

    A. 空载 tRNA 的脱落发生在 A 位上

    B. 核糖体沿 mRNA 的 3′→5′方向相对移动

    C. 核糖体沿 mRNA 的 5′→3′方向相对移动

    D. 核糖体在 mRNA 上一次移动的距离相当于二个核苷酸的长度

26. 在蛋白质中，下列不需要消耗高能磷酸键的是（　　　）

    A. 肽键转移酶形成肽键

    B. 氨酰-tRNA 与核糖体的 A 位点结合

    C. 核糖体沿 mRNA 移动

    D. fMet-tRNA$_f$ 与 mRNA 的起始密码子结合以及与大、小亚基的结合

27. 在真核细胞中肽链合成终止的原因是（　　　）

    A. 已达到 mRNA 分子的尽头

    B. 具有特异的 tRNA 识别终止密码子

    C. 终止密码子本身具有酯酶作用，可水解肽酰与 tRNA 之间的酯键

    D. 终止密码子被终止因子（RF）所识别

二、填空题

1. 三联体密码共有＿＿＿＿＿＿个，其中终止密码子共有＿＿＿＿＿＿个，分别为＿＿＿＿＿＿、＿＿＿＿＿＿、＿＿＿＿＿＿。

2. 密码子的基本特点有 4 个，分别为＿＿＿＿、＿＿＿＿＿、＿＿＿＿＿、＿＿＿＿＿＿。

3. 次黄嘌呤具有广泛的配对能力，它可与＿＿＿＿＿＿、＿＿＿＿＿＿、

_____ 3 个碱基配对，因此当它出现在反密码子中时，会使反密码子具有最大限度的阅读能力。

4. 原核生物核糖体为_____ S，其中大亚基为_____ S，小亚基为_____ S；真核生物核糖体为_____ S，大亚基为_____ S，小亚基为_____ S。

5. 原核起始 tRNA，可表示为_____，而起始氨酰 tRNA 表示为_____；真核生物起始 tRNA 可表示为_____，而起始氨酰- tRNA 表示为_____。

6. 肽链延伸过程需要_____、_____、_____三步循环往复，每循环一次肽链延长_____个氨基酸残基。

7. 真核生物细胞合成多肽的起始氨基酸为_____氨酸，起始 tRNA 为_____，此 tRNA 分子中不含_____序列。这是 tRNA 家庭中十分特殊的。

8. 氨酰- tRNA 合成酶对氨基酸和相应 tRNA 都具有较高专一性，在识别 tRNA 时，其 tRNA 的_____环起着重要作用，此酶促反应过程中由_____提供能量。

9. 肽链合成的终止阶段，_____因子和_____因子能识别终止密码子，以终止肽链延伸，而_____因子虽不能识别任何终止密码子，但能协助肽链释放。

10. 蛋白质合成后加工常见的方式有_____、_____、_____、_____。

三、名词解释

1. 密码子（codon）

2. 同义密码子（synonym codon）

3. 变偶假说（wobble hypothesis）

4. 移码突变（frame - shift mutation）

5. 氨基酸同功受体（amino acid isoacceptor）

6. 反义 RNA（antisense RNA）

7. 信号肽（signal peptide）

8. 简并密码（degenerate code）

9. 核糖体（ribosome）

10. 多核糖体（polyribosome）

11. 氨酰基部位（aminoacyl site）

12. 肽酰基部位（peptide acyl site）

13. 肽基转移酶（peptidyl transferase）

14．氨酰-tRNA 合成酶（aminoacyl - tRNA synthetase）

15．蛋白质折叠（protein folding）

16．核蛋白体循环（ribosomal cycle）

17．锌指（zinc finger）

18．亮氨酸拉链（leucine zipper）

19．顺式作用元件（cis - acting element）

20．反式作用因子（trans - acting factor）

21．螺旋-环-螺旋（helix - loop - helix）

四、判断题

1．密码子在 mRNA 上的阅读方向是 $5' \rightarrow 3'$。（　　）

2．每一种氨基酸都有两种以上密码子。（　　）

3．一种 tRNA 只能识别一种密码子。（　　）

4．线粒体和叶绿体的核糖体的亚基组成与原核生物类似。（　　）

5．大肠杆菌的核糖体的小亚基必须在大亚基存在时，才能与 mRNA 结合。（　　）

6．大肠杆菌的核糖体的大亚基必须在小亚基存在时，才能与 mRNA 结合。（　　）

7．在大肠杆菌中，一种氨基酸只对应一种氨酰- tRNA 合成酶。（　　）

8．氨基酸活化时，在氨酰-tRNA 合成酶的催化下，由 ATP 供能，消耗 1 个高能磷酸键。（　　）

9．线粒体和叶绿体内的蛋白质生物合成起始与原核生物相同。（　　）

10．每种氨基酸只能有一种特定的 tRNA 与之对应。（　　）

11．AUG 既可作为 fMet - tRNA$_f$ 和 Met - tRNA$_i$ 的密码子，又可作为肽链内部 Met 的密码子。（　　）

12．构成密码子和反密码子的碱基都只是 A、U、C、G。（　　）

13．核糖体大小亚基的结合和分离与 Mg^{2+} 浓度有关。（　　）

14．核糖体的活性中心 A 位和 P 位都主要在大亚基上。（　　）

五、简答题

1．蛋白质生物合成体系的组分有哪些？它们具有什么功能？

2．氨基酸在蛋白质合成过程中是怎样被活化的？

3．原核细胞和真核细胞在合成蛋白质的起始过程中有什么区别？

4．蛋白质合成后的加工修饰有哪些内容？

六、论述题

1．遗传密码有什么特点？

2．简述 3 种 RNA 在蛋白质生物合成中的作用。

3．简述原核生物蛋白质生物合成过程。

巩固提高

1. 作为遗传信息传递和表达的 3 个关键步骤，复制、转录、翻译都需要一定的忠实性，请解释这 3 个过程分别依靠哪些机制保证忠实性。

2. 简述原核细胞与真核细胞细胞质蛋白质合成的主要区别。如果在原核细胞中高效表达真核细胞的基因，需要注意什么？

3. 假如你刚得到一种新的细菌，发现它的 DNA 的（G+C）含量为80%。你现在需要通过 PFGE（脉冲场凝胶电泳）的方法确定这种细菌基因组的大小。如果你手头只有一种限制性内切酶，此酶识别的碱基序列是 3′TATA-TA5′，你认为这种酶能派上用场吗？如果使用此酶消化，你得到的 DNA 片段大概的长度是多少？

知识拓展

1. 为什么 16S rRNA 基因序列的检测，可用于各种病原菌的检测和鉴定，以及在分子水平进行物种分类？

2. 蓖麻毒素的毒性强是因为它在进入真核细胞之后，作为一种核糖体失活蛋白，使核糖体失活，从而导致蛋白质合成受到强烈抑制。那为什么蓖麻毒素不会杀死蓖麻自身呢？

3. 请你讲讲基因编辑工具 CRISPR－Cas9 系统的"前世今生"。

开放性讨论话题

目前，新型冠状病毒疫苗（2019－nCoV vaccine）主要包括 Vero 细胞新型冠状病毒灭活疫苗、5 型腺病毒载体重组新型冠状病毒疫苗和 CHO 细胞重组新型冠状病毒疫苗 3 种类型。

（1）请查阅资料了解我国研制和生产新型冠状病毒疫苗的主要类型，都有哪些研究团队开展了哪些相关研究，取得了哪些进展，相比国外研究优势在哪？

（2）简单说明每种类型新型冠状病毒疫苗的研发和生产的技术工艺路线。

（3）我国科学家在重组药物研制方面还有哪些突出成就？

参考答案

一、单项选择题

1. C 2. B 3. B 4. A 5. C 6. A 7. B 8. D 9. D 10. C 11. D
12. C 13. D 14. C 15. C 16. D 17. A 18. D 19. C 20. D 21. A

22. D　23. C　24. B　25. C　26. A　27. D

二、填空题

1. 64　3　UAA　UAG　UGA

2. 从 $5'→3'$ 无间断性　简并性　变偶性　通用性

3. U　C　A　4. 70　50　30　80　60　40

5. $tRNA_f$ 甲硫　$fMet - tRNA_f$ 甲硫　$tRNA_i$ 甲硫　$Met - tRNA_f$ 甲硫

6. 进位　转肽　移位　1　7. 甲硫　$tRNAi$ 甲硫　$T\psi C$

8. $T\psi C$　ATP 水解　9. RF1　RF2　RF3

10. 磷酸化　糖基化　脱甲基化　信号肽切除

三、名词解释

1. 密码子（codon）：存在于 mRNA 中的 3 个相邻的核苷酸顺序，是蛋白质合成中某一特定氨基酸的密码单位。密码子确定哪一种氨基酸掺入蛋白质多肽链的特定位置上；共有 64 个密码子，其中 61 个是氨基酸的密码子，另外 3 个作为终止密码子。

2. 同义密码子（synonym codon）：为同一种氨基酸编码的几个密码子之一，例如密码子 UUU 和 UUC 二者都编码苯丙氨酸。

3. 变偶假说（wobble hypothesis）：克里克为解释 tRNA 分子如何去识别不止一个密码子而提出的一种假说。据此假说，反密码子的前两个碱基（$3'$ 端）按照碱基配对的一般规律与密码子的前两个（$5'$ 端）碱基配对，然而 tRNA 反密码子中的第三个碱基，在与密码子上 $3'$ 端的碱基形成氢键时，则可有某种程度的变动，使其有可能与几种不同的碱基配对。

4. 移码突变（frame - shift mutation）：一种突变，其结果为核酸的核苷酸顺序之间的正常关系发生改变。移码突变是由删去或插入一个核苷酸的点突变构成的，在这种情况下，突变点以前的密码子并不改变，并将决定正确的氨基酸顺序；但突变点以后的所有密码子都将改变，且将决定错误的氨基酸顺序。

5. 氨基酸同功受体（amino acid isoacceptor）：每一个氨基酸可以有多过一个 tRNA 作为运载工具，这些 tRNA 称为该氨基酸的同功受体。

6. 反义 RNA（antisense RNA）：具有互补序列的 RNA。反义 RNA 可以通过互补序列与特定的 mRNA 相结合，结合位置包括 mRNA 结合核糖体的序列（SD序列）和起始密码子 AUG，从而抑制 mRNA 的翻译。又称干扰 mRNA 的互补 RNA。

7. 信号肽（signal peptide）：信号肽假说认为，编码分泌蛋白的 mRNA 在翻译时首先合成的是 N 末端带有疏水氨基酸残基的信号肽，它被内质网膜上的受体识别并与之相结合。信号肽经由膜中蛋白质形成的孔道到达内质网内腔，随即被位于腔表面的信号肽酶水解，由于它的引导，新生的多肽就能够通过内质网膜进入腔内，最终被分泌到胞外。翻译结束后，核糖体亚基解聚、孔道消失，内质网膜又恢复原先的脂双层结构。

8. 简并密码（degenerate code）：或称同义密码子（synonym codon），为同一种氨基酸编码几个密码子之一，例如密码子 UUU 和 UUC 二者都编码苯丙氨酸。

9. 核糖体（ribosome）：核糖体是很多亚细胞核蛋白颗粒中的一个，由大约等量的 RNA 和蛋白质所组成，是细胞内蛋白质合成的场所。每个核糖核蛋白体在外形上近似圆形，直径约为 20 nm。由两个不相同的亚基组成，这两个亚基通过镁离子和其他键非共价键地结合在一起。已证实有四类核糖核蛋白体（细菌、植物、动物和线粒体）它们以其单体、亚单位和核糖核蛋白体 RNA 的沉降系数相区别。细菌核蛋白体含有约 50 个不同的蛋白质分子和 3 个不同的 RNA 分子。小的亚单位含有约 20 个蛋白质分子和 1 个 RNA 分子。大的亚单位含有约 30 个蛋白质分子和 2 个 RNA 分子。核蛋白体有两个结合转移 RNA 的部位（部位和部位），并且也能附着信使 RNA，简写为 Rb。

10. 多核糖体（polyribosome）：在信使核糖核酸链上附着两个或更多的核糖体。

11. 氨酰基部位（aminoacyl site）：在蛋白质合成过程中进入的氨酰-tRNA 结合在核蛋白体上的部位。

12. 肽酰基部位（peptide acyl site）：指在蛋白质合成过程中，当下一个氨酰-tRNA 接到核糖核蛋白体的氨基部位时，肽酰-tRNA 在核蛋白体上的结合点。

13. 肽基转移酶（peptidyl transferase）：蛋白质合成中的一种酶。它能催化正在增长的多肽链与下一个氨基酸之间形成肽键。在细菌中此酶是 50S 核糖核蛋白体亚单位中的蛋白质之一。

14. 氨酰-tRNA 合成酶（aminoacyl-tRNA synthetase）：催化氨基酸激活的偶联反应的酶，先是一种氨基酸连接到 AMP 生成一种氨酰腺苷酸，然后连接到 tRNA 分子生成氨酰-tRNA 分子。

15. 蛋白质折叠（protein folding）：蛋白质的三维构象，称为蛋白质的折叠。是由蛋白质多肽链的氨基酸顺序所决定的。不同的蛋白质有不同的氨基酸顺序，即各自按照一定的方式折叠而成该蛋白质独有的天然构象。这个蛋白质折叠是在自然条件下自发进行的，在生物体内条件下，它是在热力学上最稳定的形式。多肽链在核糖体上一边延长，一边自发地折叠成其本身独有的构象。当肽链终止延长并从核糖体上脱落时，它也就折叠成天然的三维结构。

16. 核蛋白体循环（ribosomal cycle）：是指已活化的氨基酸由 tRNA 转运

到核蛋白体合成多肽链的过程。

17. 锌指（zinc finger）：是调控转录的蛋白质因子中与 DNA 结合的一种基元，它是由大约 30 个氨基酸残基的肽段与锌螯合形成的指形结构，锌以 4 个配位键与肽链的 Cys 或 His 残基结合，指形突起的肽段含 12～13 个氨基酸残基，指形突起嵌入 DNA 的大沟中，由指形突起或其附近的某些氨基酸侧链与 DNA 的碱基结合而实现蛋白质与 DNA 的结合。

18. 亮氨酸拉链（leucine zipper）：这是真核生物转录调控蛋白质与蛋白质及与 DNA 结合的基元之一。两个蛋白质分子近处 C 端肽段各自形成两性 α 螺旋，α 螺旋的肽段每隔 7 个氨基酸残基出现一个亮氨酸残基，两个 α 螺旋的疏水面互相靠拢，两排亮氨酸残基疏水侧链排列成拉链状形成疏水键使蛋白质结合成二聚体，α 螺旋的上游富含碱性氨基酸（Arg、Lys），肽段借 Arg、Lys 侧链基团与 DNA 的碱基互相结合而实现蛋白质与 DNA 的特异结合。

19. 顺式作用元件（cis-acting element）：真核生物 DNA 的转录启动子和增强子等序列，合称顺式作用元件。

20. 反式作用因子（trans-acting factor）：调控转录的各种蛋白质因子总称反式作用因子。

21. 螺旋-环-螺旋（helix-loop-helix）：这种蛋白质基元由两个两性 α 螺旋通过一个肽段连接形成螺旋-环-螺旋结构，两个蛋白质通过两性螺旋的疏水面互相结合，与 DNA 的结合则依靠此基元附近的碱性氨基酸侧链基团与 DNA 的碱基结合而实现。

四、判断题

1. √　2. ×　3. ×　4. √　5. ×　6. √　7. √　8. ×　9. √　10. ×　11. √　12. ×　13. √　14. ×

五、简答题

1. 答：

（1）mRNA：蛋白质合成的模板。

（2）tRNA：蛋白质合成的氨基酸运载工具。

（3）核糖体：蛋白质合成的场所。

（4）辅助因子：（a）起始因子——参与蛋白质合成起始复合物形成；（b）延长因子——肽链的延伸作用；（c）释放因子——终止肽链合成并从核糖体上释放出来。

2. 答：

催化氨基活化的酶称氨酰-tRNA 合成酶，形成氨酰-tRNA，反应分两步进行：

（1）活化需 Mg^{2+} 和 Mn^{2+}，由 ATP 供能，由合成酶催化，生成氨基酸-

AMP-酶复合物。

(2) 转移在合成酶催化下将氨基酸从氨基酸-AMP-酶复合物上转移到相应的 tRNA 上形成氨酰-tRNA。

3. 答：

(1) 起始因子不同：原核为 IF1、IF2、IF3，真核起始因子达十几种。

(2) 起始氨酰-tRNA 不同：原核为 fMet-tRNA，真核为 Met-tRNA。

(3) 核糖体不同：原核为 70S 核粒体，可分为 30S 和 50S 两种亚基，真核为 80S 核糖体，分为 40S 和 60S 两种亚基。

4. 答：

① 水解修饰；②肽键中氨基酸残基侧链的修饰；③二硫键的形成；④辅基的连接及亚基的聚合。

六、论述题

1. 答：

(1) 密码子无标点。从起始密码子开始到终止密码子结束，需连续阅读，不可中断。增加或删除某个核苷酸会发生移码突变。

(2) 密码子不重叠。组成一个密码子的三个核苷酸代表一个氨基酸，只使用一次，不重叠使用。

(3) 密码子的简并性。在密码子表中，除 Met、Trp 各对应一个密码子外，其余氨基酸均有两个以上的密码子，对保持生物遗传的稳定性具有重要意义。

(4) 变偶假说。密码子的专一性主要由头两位碱基决定，第三位碱基重要性不大，因此在与反密码子的互相作用中具有一定的灵活性。

(5) 通用性及例外。地球上的一切生物都使用同一套遗传密码，但近年来已发现某些个别例外现象，如某些哺乳动物线粒体中的 UGA 不是终止密码子而是色氨酸密码子。

(6) 起始密码子 AUG，同时也代表 Met，终止密码子 UAA、UAG、UGA 使用频率不同。

2. 答：

(1) mRNA。DNA 的遗传信息通过转录作用传递给 mRNA，mRNA 作为蛋白质合成模板，传递遗传信息，指导蛋白质的合成。

(2) tRNA。蛋白质合成中氨基酸运载工具，tRNA 反密码子与 mRNA 上的密码子相互作用，使分子中的遗传信息转换成蛋白质的氨基酸顺序，是遗传信息的转换器。

(3) rRNA。是核糖体的组分，在形成核糖体的结构和功能上起重要作用，其与核糖体中蛋白质以及其他辅助因子一起提供了翻译过程所需的全部酶活性。

3. 答：

（1）氨基酸的活化。游离的氨基酸必须经过活化以获得能量才能参与蛋白质合成，由氨酰-tRNA 合成酶催化，消耗 1 分子 ATP，形成氨酰-tRNA。

（2）肽链合成的起始。首先，IF1 和 IF3 与 30S 亚基结合，以阻止大亚基的结合；接着，IF2 和 GTP 与小亚基结合，以利于随后的起始 tRNA 的结合；形成的小亚基复合物经由核糖体结合点附着在 mRNA 上，起始 tRNA 和 AUG 起始密码子配对并释放 IF3，且形成 30S 起始复合物。大亚基与 30S 起始复合物结合，替换 IF1 和 IF2＋GDP，形成 70S 起始复合物。这样在 mRNA 正确部位组装成完整的核糖体。

（3）肽链的延长。起始复合物形成后肽链即开始延长。首先氨酰-tRNA 结合到核糖体的 A 位，然后由肽酰转移酶催化与 P 位的起始氨基酸或肽酰基形成肽键。$tRNA_f$ 或空载 tRNA 仍留在 P 位，最后核糖体沿 mRNA $5'→3'$ 方向移动一个密码子距离，A 位上的延长一个氨基酸单位的肽酰-tRNA 转移到 P 位，全部过程需延伸因子 EF-Tu、EF-Ts 参与，能量由 2 分子 GTP 提供。

（4）肽链合成终止。当核糖体转移至终止密码子 UAA、UAG 或 UGA 时，终止因子 RF1、RF2 识别终止密码子，并使肽酰转移酶活性转为水解作用，将 P 位肽酰-tRNA 水解，释放肽链，合成终止。

巩固提高

1. 答：

复制的忠实性最高，首先 DNA 聚合酶本身对底物有高度的选择性，还有依赖于聚合酶的 $3'$ 外切核酸酶活性的校对作用，此外错配修复机制可以对复制过程中产生的错配碱基进行修复，参与复制的各种酶和蛋白质结合在复制叉位置形成复制体，通过复杂的机制保证复制的忠实性。

转录的忠实性主要依靠 RNA 聚合酶本身对底物的高度选择性，虽然没有核酸外切酶活性，不能通过与 DNA 聚合酶类似的校对作用进行校对，但是可以通过焦磷酸解编辑和水解编辑这两种方式进行转录校对。

翻译的忠实性主要依赖氨酰-tRNA 合成酶对底物的高度特异性，该酶通过 tRNA 的个性识别同功受体 tRNA，依靠双筛机制识别氨基酸，保证形成正确的氨酰-tRNA；后者依靠 tRNA 中的反密码子与 mRNA 中的密码子互补配对，将氨基酸带到肽链中相应的位置；EF-Tu 依靠两种机制保证正确的氨酰-tRNA 进入核糖体 A 位：阻止氨酰-tRNA 的 N 端进入核糖体 A 位；非常低的内在 GTPase 活性，以提供足够多的时间让密码子与反密码子相互作用。

2. 答：

（1）原核生物的蛋白质合成与真核生物细胞质蛋白质合成的主要差别表现在以下几个方面：①原核生物翻译与转录是偶联的，而真核生物不存在这种偶联关系；②原核生物的起始氨酰-tRNA 经历甲酰化反应，形成甲酰甲硫氨酰-tRNA，真核生物起始氨酰-tRNA 不被甲酰化；③采取完全不同的机制识别起始密码子，原核生物依赖 SD 序列，真核生物依赖帽子结构；④在原核生物蛋白质合成的起始阶段，不需要消耗 ATP，但真核生物需要消耗 ATP；⑤参与真核生物蛋白质合成起始阶段的起始因子比原核生物复杂，释放因子则相对简单；⑥原核生物与真核生物在密码子的偏爱性上有所不同；⑦对抑制剂的敏感性不同。

（2）要想在原核系统之中高效地表达真核生物的基因必须注意以下几点：①对于含有内含子的基因不能直接从基因组中获取，可以通过人工合成的方法获得，从 cDNA 库中获取，或者从 mRNA 逆转录获得；②需要在真核生物基因的上游加入 SD 序列；③使用原核生物的强启动子；④如果是人工合成某一蛋白质的基因，需要考虑原核生物对密码子的偏爱性。

3. 答：

此酶可以用，这是因为：既然这种细菌 DNA 的（G+C）含量为 80%，那么它的（A+T）含量应是 20%，在整个基因组中出现 $3'\text{TATATA}5'$ 序列的概率是 1×10^{-6}，即相当于每 10^6 个碱基对（约数百万个）含有一个此种限制性内切酶的切点。考虑到细菌基因平均大小为 400 万 bp，因而当使用此酶消化这种细菌基因组 DNA 时，大概可得到 4 个片段，这 4 个片段通过 PFGE 手段应该很容易分开。在有相对分子质量 marker 的存在下，各片段的大小可以确定，这时整个细菌基因组的大小也就确定了。

参考文献
REFERENCE

陈钧辉，2015. 生物化学习题解析［M］. 4 版. 北京：科学出版社．

杜震宇，2020. 生物学科课程思政教学指南［M］. 上海：华东师范大学出版社．

黄熙泰，2012. 现代生物化学［M］. 3 版. 北京：化学工业出版社．

李安明，2017. 生物化学同步辅导与习题集［M］. 西安：西北工业大学出版社．

杨荣武，2018. 生物化学原理［M］. 3 版. 北京：高等教育出版社．

于自然，2008. 生物化学习题及实验技术［M］. 2 版. 北京：化学工业出版社．

张源淑，2017. 动物生物化学学习导航暨习题解析［M］. 北京：中国农业大学出版社．

朱圣庚，2017. 生物化学［M］. 4 版. 北京：高等教育出版社．

邹思湘，2012. 动物生物化学［M］. 5 版. 北京：中国农业出版社．

图书在版编目（CIP）数据

动物生物化学学习指导 / 徐红伟主编 . —北京：
中国农业出版社，2023.12
ISBN 978 - 7 - 109 - 30893 - 0

Ⅰ. ①动… Ⅱ. ①徐… Ⅲ. ①动物学－生物化学－教
学参考资料 Ⅳ. ①Q5

中国国家版本馆 CIP 数据核字（2023）第 130319 号

中国农业出版社出版

地址：北京市朝阳区麦子店街 18 号楼
邮编：100125
责任编辑：郭　科
版式设计：王　晨　　责任校对：周丽芳
印刷：北京中兴印刷有限公司
版次：2023 年 12 月第 1 版
印次：2023 年 12 月北京第 1 次印刷
发行：新华书店北京发行所
开本：700mm×1000mm　1/16
印张：12.75
字数：242 千字
定价：56.00 元